计算机教学研究与实践

——2019学术年会论文集

浙江省高等教育学会计算机教育分会　编

ZHEJIANG UNIVERSITY PRESS
浙江大学出版社

图书在版编目(CIP)数据

计算机教学研究与实践：2019学术年会论文集 / 浙江省高等教育学会计算机教育分会编. — 杭州：浙江大学出版社，2019.12

ISBN 978-7-308-19996-4

Ⅰ．①计… Ⅱ．①浙… Ⅲ．①电子计算机—教学研究—高等学校—学术会议—文集 Ⅳ．①TP3-42

中国版本图书馆 CIP 数据核字(2020)第 007304 号

计算机教学研究与实践——2019 学术年会论文集

浙江省高等教育学会计算机教育分会 编

责任编辑	吴昌雷
责任校对	陈 欣 杨利军
封面设计	春天书装
出版发行	浙江大学出版社
	(杭州市天目山路 148 号 邮政编码 310007)
	(网址：http://www.zjupress.com)
排 版	杭州朝曦图文设计有限公司
印 刷	浙江新华数码印务有限公司
开 本	787mm×1092mm 1/16
印 张	11
字 数	220 千
版 印 次	2019 年 12 月第 1 版 2019 年 12 月第 1 次印刷
书 号	ISBN 978-7-308-19996-4
定 价	55.00 元

浙江大学出版社市场运营中心联系方式：0571-88925591；http://zjdxcbs.tmall.com

目　　录

面向大数据及人工智能应用开发的 Go 语言程序设计慕课(MOOC)建设及思考

秦飞巍,彭　勇,邵艳利,袁文强

杭州电子科技大学,杭州,310018

qinfeiwei@hdu.edu.cn

摘　要: Go 语言是谷歌公司推出的一种非常适合大数据及人工智能、并行化及分布式应用开发的程序设计语言。本文在综合分析当前国内外 MOOC 课程建设进展、当前 MOOC 课程在我国大学教育中应用现状的基础之上,以 Go 语言程序设计为案例,探索 MOOC 环境下大数据及人工智能课程的建设。以构建概念图,结合学生认知层次确立学习目标,融入主动学习的教学互动、教学效果评价与反思等策略,形成"教—学—做"的闭环,初步设计了适应 MOOC 的 Go 语言程序设计课程,这使得学生能够在新的教学方式下更深层次地掌握面向大数据及人工智能应用开发的 Go 语言精髓。

关键词:大数据;课程建设;MOOC;主动学习

1　引　言

自 2012 年以来,大规模网络公开课程(Massive Open Online Course,MOOC)首先在美国兴起,全球知名大学纷纷加入到 MOOC 浪潮中[1],我国的知名高校也不例外。与早期功能单一的在线教育不同,MOOC 几乎可以完成传统大学的一切,包括教师按进度授课、学生完成作业及考试乃至为学生颁发相应证书或文凭等。

这种颠覆式的革命使人们越来越意识到 MOOC 将对传统的大学教育产生巨大冲击。在全球化的今天,MOOC 也将教育推上了全球化的舞台,这种变化带来的好处显而易见,最明显的一个特征是打破了教育壁垒,令教育资源平等化[2]。这意味着在世界的任何一个角落,只要有网络就可以接受世界上最好大学的课程教育。

国内的教育家已经认识到 MOOC 带来的巨大挑战与机遇,国内大学也已经迅速行动起来,努力避免沦为少数国内外一流大学的代理机构[3][4]。作为高校教师,我们已经深切感受到前所未有的紧迫感,并开始思考如何在 MOOC 革命的冲击下设计和变革课程体系。

尽管 MOOC 不仅有视频辅导材料还有互动评估系统,大规模地冲击着校园教育,但是质疑的声音仍然不绝于耳:有人提出这种 MOOC 的数字化教育并不能等同于个性化学习,会导致教育的单一化、一致化和标准化,培养出的是思想僵化且只追求肤浅、通用知识的学生;还有人提出 MOOC 的教学方式会让学生缺乏压力和动力,因为学生可以多次选修一门课程,直到通过为止。然而,所有的这些质疑都可以通过校园教育完成和弥补。"精品"的教学内容和"明星"式的教师、个性化的教学和及时的互动是 MOOC 背景下的必然趋势[5]。新兴的教学模式和教学理念大量涌现,如研讨型教学、翻转课堂、先解决问题后解释、传授学习方法和思维方法等[6]。

大数据及人工智能应用开发课程如 Go 语言课程(图 1),是一门受众面广、实用性强的课程,由于每个知识点相对简单和完整,因此它也是适合采用 MOOC 教学的计算机类课程之一。在新模式和理念的指导下,我们以大数据及人工智能程序设计语言特别是 Go 语言为案例,对 MOOC 环境下课程的设计进行了一些初步探索和尝试。

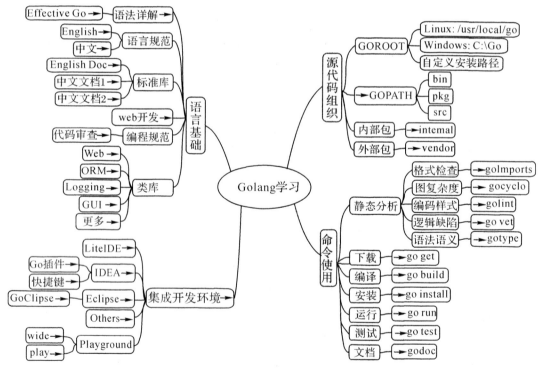

图 1 Go 语言学习框架

2 课程设计与实施

为了达到更好的教学效果,我们需要进行充分的课程设计,为教师和学生制定课程安排,对使用课程资料的整个活动过程进行描述。课程设计在教学过程中需要不断修正和改进,设计的内容包括活动或反馈的要点、指导或讨论的时间、调动热情的方法等。

教学过程应该包含几个阶段一直是教育工作者不断研究和总结的问题,目前比较公认的是 BOPPPS 模型[7],该模型将教学过程划分为引入(Bridge-in)、目标(Objective)、预评价(Pre-assessment)、参与学习(Participatory learning)、后评价(Post-assessment)和小结(Summary)6 个部分[8]。

为了更好地实施 BOPPPS 模型,我们围绕授课对象进行课程设计,需要考虑概念图、学习目标、主动学习以及评价 4 个要素。其中,概念图帮助构建 BOPPPS 模型中的引入(B),建立课程之间的关系;学习目标与 BOPPPS 模型中的目标(O)紧密相关;主动学习是为了更好地实施参与学习(P);最后的评价体现在 BOPPPS 模型中的预评价(P)、后评价(P)和小结(S)。

可见,概念图、学习目标、主动学习和评价 4 个要素贯穿课程实施过程中 BOPPPS 模型的始终,是增强教学效果和提高教学水平的重要保证。

3 适应 MOOC 的 Go 语言课程设计

3.1 概念图

概念图是进行课程设计的基础,反映课程中各个知识点之间的组织关系。通过构建概念图教师在进行课程设计时,能够更好地梳理课程脉络,突出重点内容,从而指导课程的进度安排[9]。

教师在构建概念图时,首先需要挑选课程内容中的关键知识点,形成概念并将其罗列出来,接着以层次、网络等方式将这些概念关联起来,形成概念图。在课程教学过程中,教师需要不断地对这些概念进行必要的评价和修改,并形成新的概念图。对同一课程而言,不同教师有不同的内容组织方法和教学方法,因此会有不同的概念图。即使是同一教师,随着认识的深入和时间的推移,也会令概念图随之变化。

对 Go 语言课程而言,课程的关键概念或知识点比较明确,如语句、控制结构、顺序结构、选择结构、循环结构、函数、递归函数、数组、指针、引用、结构、if-else、switch、for、goto 等,需要先将其罗列出来[10]。概念有不同的层次和范围,即概念之间有隶属或关联关系,因此需要梳理这些概念之间的关系并建立概念图,我们以控制结构章节的概念子图为例。控制结构概念图如图 2 所示。

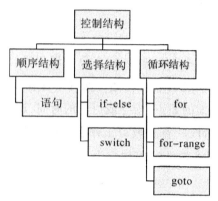

图 2　控制结构概念图

容易看出,在控制结构这一章中,知识点以层次式结构组织。当然,概念图不都是层次式结构,根据不同的理解能够构建出不同结构的概念图,教师在授课过程中可以根据学生的反馈进行调整和修改。

3.2　学习目标

学习目标确定了期望学习者通过课程学习在一定条件下可观察或可量化的新的知识、技能及情感。制定这种定量化的学习目标还有利于后期的课程设计评价。课程的学习目标通常能够划分为不同的层次。Bloom 按照人的认知层次将学习目标由低到高逐渐划分为记忆(remembering)、理解(understanding)、应用(applying)、分析(analyzing)、评估(evaluating)、创新(creating)6 个层次[11]。Bloom 建议针对课程内容,在上述 6 个层次中定量地制定相应的学习目标,提高可操作性。

学习目标有一定的表述规范,Mager 提出制定学习目标应包含 3 个要素:成效(学生能够完成什么)、条件(何时/何地学生能够完成)和标准(学生能够做到的程度)。上述 3 个要素必须具体、可度量、明确而清晰,为的是便于教师实施和操作[12][13]。

结合 Bloom 和 Mager 的理论,科学的方法应是在 Bloom 分类法的基础上用 Mager 的理论规范描述和制定学习目标。以控制结构章节为例制定的学习目标见表 1,其中认知层次的学习目标成效是学生能够罗列出控制结构的常用语句,条件是当问到控制结构章节内容时,标准是语句罗列的完整程度以及正确与否。在明确了不同层次的学习目标后,教师和学生可以根据不同层次的需要分别制定各自的主动学习方案。

表 1　以控制结构章节为例制定的学习目标

学习目标描述	认知层次
当问到控制结构时,罗列出控制结构常用语句	记忆

续表

学习目标描述	认知层次
编程时,分辨不同结构意义及适用问题	理解
编程时,正确选择合适的控制语句	应用
程序运行时,测试不同语句的执行效率	分析
程序运行后,比对性能优化代码效率	评估
	创新

3.3 主动学习

1978 年,诺贝尔经济学奖得主赫伯特·西蒙说过,"实践与思考是学生学到知识的途径,也是唯一的途径",这一点对于 Go 语言课程尤为重要。学生想要具备相关领域中的计算机应用开发能力以及利用计算机分析和解决问题的意识,必须主动学习并动手实践。当学生学会自己对问题进行解释,而不是被动地听教师讲解时,学习效果会好很多。

主动学习是指学生在课堂上主动参与与课程相关的活动,而不仅仅是被动地看、听和记笔记。主动学习过程是以学生为主体的教学过程,是以激发学生的兴趣为目标,强调实践和思考的教学方式[13]。学生更多的是通过自主阅读、书写、讨论、实验等方式达到学习目的。

课堂上的互动是教师在授课过程中促使学生主动学习的主要方式之一。课程中互动环节的设计符合大脑工作规律,John Medina 博士针对人类大脑进行了一系列研究,他在注意力方面指出两条规律和两个限制:情感刺激规律和要点层次式规律以及单任务和 10 分钟限制。因此,互动不仅能够充分调动学生的课堂情绪,而且能够将课堂划分成多个短时(10 分钟)的子单元,以更好地提高教学效率[14]。互动的方式很多,如可以回答问题、画概念图、做研讨报告、讨论、辩论、案例教学、头脑风暴、课堂练习、问卷调查等,其主旨就是要让学生与教师互动,达到激发兴趣并主动参与的目的。

我们提出一种新的教学模式,旨在设计课堂教学与 MOOC 相结合的主动学习方案,因此提出"翻转课堂"的学习模式:学生在课下通过 MOOC 视频学习新的知识或内容,课堂上进行讨论、练习或评述等。在具体操作时,教师需要给出具体的讨论内容和课程进度并将学生编配分组。考虑到人脑注意力的 10 分钟规律,我们将 50 分钟的课程划分成 5 个阶段,平均以 10 分钟为一个阶段进入不同的教学流程。每进入一个阶段,相当于对大脑进行一次新的刺激,以引起新的兴奋点和注意力。

具体来讲,学生可以在下一次上课之前自行观看 MOOC 视频和预习书本内容。第一节课的 5 个阶段如下:①由学生讲心得,可以画出概念图;②由其他组的学生对其进行讲评;③全体学生参与讨论,互相提问并回答;④教师根据讨论结果进行总结和讲评;⑤再由另一组学生讲评上次布置的作业,然后教师布置新的作业。第二节课主要以实际动手练习为主,教师布置课堂练习并进行实践性指导,学生可以随时提问,由教师或教辅人员进行一对一指导,在课程的最后10分钟,教师进行实践讲评和答疑。需要特别强调的是,要将每次的课堂表现都计入课程的平时成绩中。

3.4 效果评价

评价是课程实施过程中阶段性的量化考核,用以反映前一阶段的教学效果。前期对于学习目标的量化,就是为了能够准确而有效地进行评价,因此教学评价与制定的学习目标是紧密结合的。不同于传统考试,评价的方式和目的更加多样化。评价能够为学生在学习过程中提供反馈,也能够为教师获得学生对教学方法的反馈。这些反馈能够帮助教师及时调整课程内容和进度,为顺利完成教学目标提供支持。

教师可以根据要评价的对象,如课程实施、实验安排等,罗列出对象的不同评价条目;根据不同的学习目标和授课对象分别划分出高、中、低3个等级,还可以引入Bloom分类法,注明评价条目的所属层次,绘制出表格,以此给出具体而明确的评价结果。例如,可以将表1中不同层次的学习目标按照高、中、低3个层次打分,从而完成对这一学习目标的评价,"控制结构"学习效果评价见表2。

表2 "控制结构"学习效果评价

Mager要素	低	中	高
成效	罗列常用语句	分辨语句意义及适用范围	测试程序执行效率
条件	控制章节结构和内容	运用控制结构	运行程序
标准	完整、正确	结果正确	结果正确、性能优、效率高
层次	记忆	理解、应用	分析评估

当然,教师可以评价学生,学生也可以评价教师,教师根据不同的目的,均可以制定评价方案以及时获取反馈。

综上所述,在MOOC背景下,我们针对Go语言课程的概念图、学习目标、主动学习和评价4个要素进行课程设计初探,给出了具体的设计方案、实施办法及量化指标,为未来Go语言课程更好地适应MOOC变革提供准备。

4 总 结

随着MOOC的兴起,传统大学教育的观念和方法都会随之改变,如何应对这一变化,提高学生的学习效果,培养学生基于深厚理论知识系统的实践能力,是教师面临的一项巨大挑战。从我们的教学实践情况来看,这种教学设计方式确定了课程的实施方案及操作步骤,以提高学生学习积极性和主动性为导引,能够帮助教师及时获得反馈,取得了很好的教学效果。

同时,这种新的模式也对教师提出更高要求,如在 Bloom 分类法的基础上,针对 4 个要素制定详细可行及合理的计划,这不仅需要教师更加精通相应的课程内容和结构,而且能够将其与教育理论融会贯通。不断地改进和努力依然是教师的目标,制定的课程设计计划还需要我们在长时间的教学过程中不断总结和完善。

参考文献

[1] Pappano L. The Year of the MOOC[J]. The New York Times, 2012, 2(12): 2012.

[2] Daradoumis T, Bassi R, Xhafa F, et al. A review on massive e-learning (MOOC) design, delivery and assessment[C]//2013 eighth international conference on P2P, parallel, grid, cloud and internet computing. IEEE, 2013: 208-213.

[3] 刘兆惠,李旭,王超,等. 基于 MOOC 的分层混合式教学模式探究[J]. 大学教育,2019(6): 31-33.

[4] 李春梓. 我国高校在线教育发展策略研究[J]. 大学教育, 2019(6): 38-40.

[5] Kang S, Cha J, Ban S. A study on utilization strategy of edu-tech-based MOOC for lifelong learning in the fourth industrial revolution[C]//Proceedings of the 2018 Conference on Research in Adaptive and Convergent Systems. ACM, 2018: 324-325.

[6] García-Peñalvo F J, Fidalgo-Blanco Á, Sein-Echaluce M L. An adaptive hybrid MOOC model: Disrupting the MOOC concept in higher education[J]. Telematics and Informatics, 2018, 35(4): 1018-1030.

[7] Wang E, Liu B, Zhang F, et al. Application of BOPPPS Method for Practice Course in Engineering Education[J]. DEStech Transactions on Social Science, Education and Human Science, 2019.

[8] 吴昌东,江桦,陈永强. BOPPPS 教学法在 MOOC 教学设计中的研究与应用[J]. 实验技术与管理,2019(2): 56.

[9] 周巧娟.概念图与思维导图在微积分教学中的融合应用[J].吉林教育学院学报,2019(1): 72-75.

[10] Google. The Go Programming Language[EB/OL] [2019-03-16]. https://golang.google.cn/.

[11] Cannon H M, Feinstein A H. Bloom beyond Bloom: Using the revised taxonomy to develop experiential learning strategies[C]//Developments in Business Simulation and Experiential Learning: Proceedings of the Annual ABSEL conference. 2014: 32.

[12] 陈兰岚,宋海虹. 基于 MOOC 数据挖掘的学习行为和学习成效分析[J]. 教育教学论

坛，2019(21)：50-51.

[13] Wang W，Guo L，He L，et al. Effects of social-interactive engagement on the dropout ratio in online learning：insights from MOOC[J]. Behaviour& Information Technology，2018：1-16.

[14] 陈友媛，辛佳，杨世迎，等. 混合式实验教学提高学生主动学习能力的探讨[J]. 实验室研究与探索，2019(4)：205-208.

软件工程主干课程国际化课程群建设探索与实践[*]

徐海涛,刘 庚

杭州电子科技大学,杭州,310018

xuhaitao@hdu.edu.cn

摘 要:课程国际化是高等教育国际化的重要内容。国际化课程群建设,提升了教育的国际化水平,为培养具有国际视野、国际交流能力的高素质人才及加快留学生教育发展奠定了坚实的基础。"软件工程主干课程国际化课程群"是我校首批立项建设的国际化课程群,在推进课程群建设的过程中,建设团队进行了有效的探索。

关键词:教育国际化;国际化课程群;教学改革研究

1 引 言

国际化课程群建设是落实国家、省中长期教育规划纲要、《浙江省高等教育国际化发展规划》和《浙江省教育厅关于加强普通高等学校国际化专业及课程群建设的意见》的重要组成部分,可以进一步推进专业国际化影响力,加强国际教育合作与交流,提高人才培养质量,提升国际化专业建设的水平。

从 2016 年开始,我校开始开展国际化专业和课程群建设项目。该项目意在通过项目建设,进一步凝练专业特色,提高教学质量,提升教育的国际化水平,为培养具有国际视野、国际交流能力的高素质人才及加快留学生教育发展奠定坚实的基础。

"软件工程主干课程国际化课程群"是我校首批立项建设的课程群。通过三年建设,该课程群已取得了阶段性成果。并与 2019 年完成结题。

---

* 本文为杭州电子科技大学 2016 年度国际化专业与课程群建设项目——软件工程主干课程国际化课程群建设成果。

2   建设目标

本国际化课程群建设项目在立项时设定建设目标如下：

（1）每个课程群每年修读的中外学生人数累计达到 30 名及以上。

（2）所有课程采用英语或其他外语教学。课程群应在学校课程中心网站，提供课程相关的教学大纲、授课教案、教学视频、习题、实践（实验、实训、实习）指导、参考文献目录等材料以及开展课外学习交流。

（3）师资队伍建设取得明显成效，其中 80％及以上的中方任课教师具有半年及以上的国外学习、工作经历，积极引进具有丰富教学经验的外籍教师、外籍专家承担部分教学任务。

（4）积极引进国外先进的教育理念、教学内容和教学方法，不断深化课程教学改革，并取得明显成效。原则上所有课程（不含具有浓厚中国文化特色的课程）均选用能与国际标准接轨的教材。

（5）高度重视课程群教育教学质量，建立健全较为完善的课程教学质量监控保障体系。

（6）积极开展国际交流与合作，重视留学生教育，并取得一定成效。每个课程群一般每年修读的外国学生人数累计达到 5 名及以上。

3   建设实践

软件工程专业主干课程国际化课程群建设项目立项以来，在教学理念、教学内容、教学方法、考核方式等方面进行了实践。

3.1   教育理念

在进行国际化课程建设过程中，课程组引进并贯彻以下国内外先进教育理念：

（1）以学生为中心。在实施过程中，课程组认为以学生为中心不是学生想怎么样就怎么样，而是教育目标围绕学生的培养，教学设计聚焦学生的能力培养，师资与教育资源满足学生学习效果的达成，评价的焦点是对学生效果的评价。以学生为中心不是只让学生忙，老师不忙，而是老师还是很忙，只不过老师忙的是真正的教育。这样就让在空中飘着的教育落地了。

（2）坚持成果导向。老师按照专业的培养目标和毕业要求，明确课程群内课程的课程目标，并根据课程目标设计教学活动、教学内容、教学方法、实训案例等。这是一个由上向下设计，由下向上支撑的过程。

（3）坚持持续改进。老师针对课程群内课程建立常态性评价机制并不断改进，课程结束后计算课程的达成度。并注重对于学生评价的反馈分析，以及将反馈结果用于持续改进。

3.2 教学内容

在教学内容方面，课程组对各个课程原有大纲中的知识点和内容进行了充分的分析，并和国内外著名高校的相关课程教学大纲和内容进行了对比，然后制定了新的教学大纲，新大纲对不适宜的内容进行了删除，并把课程新知识和趋势等内容引进来。

如在给留学生开设的"软件工程"课程中，根据留学生软件基础知识相对薄弱的情况，对教学内容进行了适当的调整。如"软件测试技术与质量保证"课程依据美国 UT Dallas 的软件测试课程，对原有内容进行了优化调整，在原有注重实践能力培养的同时，加强测试理论知识的培养，让学生知道怎么做的同时，也知道为什么要这样做。

3.3 教学方法

在教学方法方面，课程组积极引进流行的案例教学方法、MOOCS 教学方法、小班化、讨论式及研修式等教学方法，并结合实际课程内容和特点形成一种适用的混合教学方式。具体的操作步骤主要包括：在理论教学上，采用变相的 MOOCS 方式，在实践环节，开展小班化、讨论式。在学生知识拓宽培养上，采用研讨式，给学生布置一些学术论文阅读任务。

3.4 考核方式

在学生成绩考核上，课程组积极引进国外的课程考核体系，着重考核学生的分析及动手能力。减少客观题目数量，增加主观题目数量，如各类分析和涉及题目明显增多，相应的答案也不再唯一。国际化课程群建设以来，四门课程的考试题目都跟以前的内容有很大区别，更加注重考核分析设计能力。

3.5 教学组织与保障

在教学组织管理体系和教学质量监控保障体系方面，课程组采取集中分析、集中策划、集中审核、分课程实施、集中成果经验分享和问题总结的教学组织方针，保证国际化课程群教学质量。在集中分析过程中，集中分析建设任务、分析授课大纲和内容、分析学生特点和已经具有的资源和待建设的资源；在集中策划过程中，集中策划在现有的条件下，如何按照项目要求按质按量建设好本项目；在集中审核过程中，对每个课程的建设方案，项目小组集中讨论、审核；分课程实施是指每个老师分别承担自己所负责的课程建设任务；在集中成果经验分享和问题总结过程中，对于每门课程的建设，项目组全体成员集中对每门课程老师所总结的经验和问题进行分享、讨论、提升及提出未来的工作思路。通过以上的教学组织管理体系和教学质量监控保障体系保证高质量的课程群建设。

另外,课程群内的课程考核采用统一命题、统一出卷,并建立试卷审核制度。试卷只有经过课程组长的核准后才能印刷。并且在试卷内容方面,课程组减少了客观选择、填空等题型,增加了综合类题型,更加注重对能力的考核。

4　建设成果

经过三年的建设,软件工程主干课程国际化课程群建设取得以下成果:

(1)通过软件工程专业主干课程国际化课程群的建设,促进了软件工程专业的国际化建设。目前,软件工程专业已与澳大利亚悉尼科技大学就联合培养、交换培养、国际化课程等方面进行了深入洽谈。与悉尼科技大学的软件工程 2+2 联合培养项目协议书已经经过双方确认。

(2)完成了软件工程专业核心课程的双语建设。实现了"软件工程""软件测试技术与质量保证""软件过程与管理""软件需求分析"四门专业课程的双语教学。实现了"软件工程""数据结构"课程的全英文教学,根据留学生培养计划,"软件过程与管理"课程的全英文教学将于半年后实现。

(3)邀请多名外国专家开设软件工程相关的讲座、技术报告,开阔了学生的国际视野。

(4)在国际化课程群的建设过程中,两门课程成功获批为基于 MOOCs/SPOC 的翻转课堂课程。

(5)通过软件工程专业主干课程国际化课程群的建设,软件工程专业留学生的培养体系已基本建立。2017 级、2018 级软件工程专业的留学生课程全部正常开设。

5　结束语

软件工程主干课程国际化课程群项目的三年建设,提升了我校软件工程专业教育的国际化水平,为培养具有国际视野、国际交流能力的高素质软件工程专业人才及加快软件工程留学生教育发展奠定了坚实的基础。

参考文献

[1] 彭芸.《货币金融学》国际化课程建设的探索与实践[J]. 湖北经济学院学报(人文社会科学版),2016,13(8):198-199.

[2] 刘劲松,徐明生,任学梅.研究生高水平国际化课程建设理念与实践探索[J].学位与研究

生教育,2015(6):32-35.

[3] 陈长.面向国际化的全英文教学课程建设实践初探:从教学管理角度[J].亚太教育,
2016(7):82-82.

[4] 全国教育科学规划领导小组办公室."高等教育国际化背景下我国大学生国际能力评价
指标体系研究"成果报告[J].大学(研究版),2016(1).

[5] 尤丽芳,胡臻,王剑军.浙江省高校国际化课程设置探析[J].浙江工业大学学报(社会科
学版),2010(1):67-70.

[6] 赵宏,卢苇.软件工程专业国际化课程体系的建立[J].计算机教育,2012(17):10-14.

[7] 卢苇,王伟东.双师型队伍 国际化课程:中国示范性软件学院十年巡礼之三[J].高等工
程教育研究,2011(6):16-23.

Python 语言程序设计教学改革探索

杨　冰

杭州电子科技大学,杭州,310018

yb@hdu.edu.cn

摘　要: 分析 Python 语言的特点,依据计算思维的特点,以 Python 语言程序设计开展教学,设计面向文理科专业的学生的课程内容,以及课程案例的设计,从而培养学生的编程思维与计算思维。

关键词: Python 语言;计算思维

1　引　言

随着大数据时代的到来,程序设计已成为高校学生必须掌握的技能之一,无论文理工科。对于高等学校的计算机基础教学来说,计算机程序设计也是极其重要的一类核心课程。它选择某一种高级编程语言作为工具,以形成编程思维和计算思维作为教学目的,对学生的计算思维能力进行培养,并使得学生能够借助于计算机求解问题。

以往,程序设计基础课程的教学常用的语言有两种:面向理工科同学的 C 语言程序设计和面向文科同学的 VB 语言程序设计。C 语言主要面向工科学生,为了兼顾性能而语法规则复杂,例如 C 语言中的指针变量和对硬件结构的访问处理,对于文科学生来讲,理解并掌握具有较大难度。VB 语言是一个所见即所得的编程语言,对于非计算机尤其是文科的同学来说,比较容易掌握,尤其是视窗程序的开发,还可以兼容 Office 常用软件,但是它的局限性很大,仅仅适合于基于 Windows 系统的程序开发,最近几年逐渐式微。

与这两种语言相比,Python 语言是一种功能强大的编程语言,同时兼有语法规则简单、语言灵活度高的特点[1,2]。在 2018 年 IEEE 顶级编程语言排行榜中,Python 语言高居榜首,也有了"人生苦短,我学 Python"的说法。Python 语言在 20 多年的快速发展中,也有了大量的第三方库,不仅在时下热门的人工智能中应用广泛,在交叉学科的研究中也具有很强的优势。因此,我们的教学课程中开始将 Python 语言纳入程序设计基础课程体系,面向文理科同学开展教学。

在 Python 程序设计教学过程中,面向文理科同学的授课,存在以下几个问题:计算思维形成困难,与学生专业结合性不强,以及如何应用的问题。

2   Python 语言的特点

Python 作为一种通用的程序设计语言,最大的特点是它是一门面向对象的解释性语言。在普遍认知中,Python 语言具有如下 3 个特点:

(1)简单、优雅[3]。Python 语言的设计哲学是"明确""简单""优雅"。Python 语言语法规则简单,语句灵活度高,信奉采用最简洁的语言完成编程工作。与 C 语言相比较,其语法限制不多,细节规则要求不高,比如变量无须声明,可以直接使用,并能够在程序中简单转换为其他类型的数据变量。Python 语言中的组合数据类型,包括列表、元组、字典及集合,对于处理一批数据(数据类型不要求相同),提供了极为丰富的函数,对使用者来说具有极大的便利。

(2)开放。Python 语言开放性很高。除了其自身提供的丰富的标准库外,Python 语言完全开源,因此有许多的第三方参与开发各类专业性更强的库函数提供使用,促使 Python 语言的优势越发明显。

(3)移植、扩展。基于 Python 语言的开源本质,已被移植至许多平台,例如 Linux,Mac OS 等。也可以把 Python 语言程序嵌入其他语言编写的程序,从而向用户提供脚本功能。

基于 Python 语言的以上优点[4],在教学过程中,我们也发现,对于文理科的同学来说,Python 更易掌握,也更易形成计算思维。

3   Python 语言程序设计教学

对于编程语言的教学,我们的教学目标是培养学生的计算思维,提升学生独立使用 Python语言解决问题的能力,使学生能够形成程序思维,有面向过程和面向对象的概念。教学过程中教师更强调计算机求解问题的思路引导与程序设计思维方式的训练,学习重点放在程序设计的思想与方法上。

3.1   课程内容设计

我们的课程内容设计如下:

(1)基本数据类型。Python 语言中各类型数据的表示方法,基本运算、表达式,Python

语言的读入写出功能。

（2）程序流程控制。三种语句控制结构：顺序，选择，循环。选择结构包括条件的描述，if-else 语句的表达及嵌套等，循环结构主要包括 while 循环与 for 循环结构，循环嵌套等内容。

（3）组合数据类型。Python 语言的组合数据类型分为两大类——序列数据类型与无序数据类型，具体可分为列表、元组、字典及集合。各组合数据类型的定义与应用等内容。

（4）函数。函数的定义与调用，参数传递，匿名函数，变量作用域等内容。

（5）文件。文件的打开与关闭。文件的读入写入操作等内容。

（6）类和对象。面向对象的概念。类的声明，对象的创建。面向对象的封装、继承、多态的三个特性。

（7）图形化界面设计。窗体的构建，各类控件诸如标签、按钮、输入框、列表框等的用法及布局。

（8）图形绘制。画布的设计，以及各种图形的编程等内容。

3.2　课程案例设计

以往的程序设计教学中的经典算法诸如水仙花数、素数、完数等，学生虽然能够完成编程，但是并不能跟具体的现实联系起来，不明白编程的意义。Python 语言的一个重要特征是，它不仅仅能够面向过程求解问题，更是一门面向对象的编程语言，与现实世界的事物和情景更容易对应起来。所以在课程案例教学中，我们结合现实热点，设计一系列教学案例，通过案例使得学生更容易培养出计算思维能力。

（1）结合信息管理类专业特点的案例。结合信息管理类专业的特点，我们设计了学生信息管理系统，包括学生的基本信息：学号，姓名，性别，班级；学生课程信息：课程，课程时间，课程学分，课程成绩。在这个管理系统中，学生需要能够在理解面向对象的基础上声明两个类：Student 类和 Course 类，然后根据类创建对象。在类的设定中可以声明方法，比如学生信息的获取方法 getinfo()等。此案例的设计一是与学生的专业特性符合，二是与学生自身的实际生活更贴合。学生亦可通过案例的编程过程理解面向对象的意义。

（2）结合生活热点设计案例。随着《小猪佩奇》的流行，学生也对其中的情境很熟悉。我们设计了如下案例：创建 Pig 类，并实例化对象佩奇和乔治。其中，所有的 Pig 都具有的特性、属性：name、weight，方法（能力）：mud_pit()并实例化。

（3）结合现实场景设计案例。在图形界面设计的教学过程中，我们结合杭州的景点，请学生在理解窗体与控件的建立与布局的基础上，设计一个售票程序，如图1，实例化根窗体及各控件，并合理布局。将单选按钮实例与变量绑定，设置被选中的 value 值。自定义"计算"按钮的响应函数。该函数需要获取输入框的票数，由单选按钮的选项得到门票单价，根据票价标准计算总价格，最后将结果更新标签。设计界面如下：

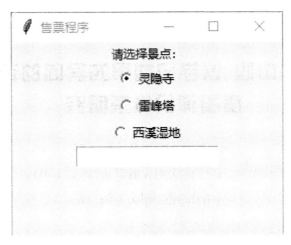

图 1　图形化界面设计案例

诸如此类案例设计,贴近学生的专业、社会的热点、现实的生活,在教学过程中,学生的积极性被调动,并能够深刻体会到编程的乐趣与应用价值,课堂气氛活跃,教学效果明显。

4　结　论

程序设计的实践性比较强,我们可以通过学习程序设计来培养学生的编程思维与计算思维。计算思维能够培养学生模拟计算机的思维来思考解决现实问题,从而提升学生分析和解决问题的能力。Python 语言的简洁优雅与灵活,使得它既容易被掌握,又具备强大的解决问题的能力,在时代背景下必然越来越流行。

参考文献

[1] 嵩天,黄天羽,礼欣. Python 语言:程序设计课程教学改革的理想选择[J].中国大学教学,2016(2):42-47.

[2] 陈春晖,翁恺,季江民. Python 程序设计[M].杭州:浙江大学出版社,2019.

[3] 刘卫国. Python 语言程序设计[M].北京:电子工业出版社,2016.

[4] Hetland M L. Python 核心编程[M].北京:人民邮电出版社,2010.

以学生为中心、以学习成果为导向的课程教学质量评价体系研究*

赵伟华,刘　真,董　黎

杭州电子科技大学,浙江杭州,310012

whzhao@hdu.edu.cn

摘　要:提高教学质量是教育改革和发展的核心任务,而课程质量是决定高校教学质量的首要因素,有效开展教学质量评价是持续改进教学的重要手段。本文基于全面质量管理及工程教育专业认证的核心理念,以学生为中心,以学习成果为导向,从制定课程教学质量标准、确定多元评价主体、设计质量评价指标等方面构建了一套可操作性强、通用性好的课程教学质量评价体系,为课程教学的持续改进提供更加科学的依据。

关键词:课程教学质量;质量评价体系;学生中心;学习成果

1　引　言

国务院在 2010 年 7 月发布的《国家中长期教育改革和发展规划纲要(2010—2020 年)》中明确提出"把提高教学质量作为教育改革和发展的核心任务",而课程质量是决定高校教育教学质量的首要因素,所有高等教育改革的理念和思想,最终都要落实到课程建设中并通过课程的教学实施来实现。对课程教学质量的准确评价是促进教学质量持续改进和不断提升的重要手段和基础,学生作为教学活动的直接参与者,对课程教学质量具有最直接的体验。因此在构建课程教学质量评价体系时,必须改变传统的重"教"轻"学"、重"投入"轻"产出"的状况,要从以"教"为中心向以"学"为中心转变,从教学条件"投入"性评价向教学成效"产出"性评价转变,要从学生的学习过程、学习体验及学习成效的角度出发,对课程教学活动及其结果进行价值判断,关注学生能力发展,正视学生学习增值,尽可能真实地反映教师

---

　* 基金项目:杭州电子科技大学重大教学改革项目——基于 OBE 的二级学院系统化教学质量监控体系建设与实践 (ZX180118399001-002);杭州电子科技大学高等教育教学改革研究项目(重点项目)——基于 TQM 的基层教学组织质量监控体系的构建与实践(ZDJG201905)。

教学与学生学习情况,为教学质量的持续改进提供更科学的依据,即课程教学质量评价应以学生发展为中心、以学生学习为中心、以学习效果为中心。

2 以学习成果为导向,设计可量化的课程教学质量标准

所谓学生"学习成果",是对学生特定学习的期望,即学生通过一门课程、一个专业、一个学位的学习与发展之后,在知识、技能、态度情感、学习能力等方面得到的增长[1],这种增长是具体的、可测量的。基于学生"学习成果"评价课程教学质量,就是采用多种手段与方法收集学生学习成果,并与预先设定的各项质量标准进行比较分析,以检验教师教学和学生学习与教学目标之间的适合程度,真实了解"学生从课程中学到了什么"以及"能用所学做到什么",是教师探究学生学习需求、改进教学方法与策略、提升教学效果的重要手段。

"教学质量标准"是学校有目的、有计划、有组织的教学活动及其结果满足高等教育利益相关主体需要程度的度量。制定一套科学合理的课程教学质量标准,是强化目标管理、实施课程教学质量评价、促进教学管理科学化的必要条件。《国家中长期教育改革和发展规划纲要(2010—2020年)》要求构建"五个度"(培养目标达成度、社会需求适应度、师资和条件支撑度、质量保障运行有效度、学生和用户满意度)的教育质量标准,因此基于OBE理念的产出导向、反向设计原则,按照"社会及行业发展需求、学校定位及发展需求等→专业人才培养目标→专业毕业要求及指标点→课程体系→课程教学目标→课程教学质量标准→课程教学实施"的设计思路,为课程教学制定各项质量标准是科学合理的。教学目标的达成与实现是一项复杂的系统工程,贯穿于教学活动的全过程,按照全面质量管理理论,课程质量标准应包括课程建设质量标准、教学过程主要教学环节质量标准、学生学习成果质量标准,如图1所示。在具体构建各项质量标准时,必须以学生的学习成效为中心,以能促进学生的能力提升和发展为准绳,充分考虑标准的可评价性。

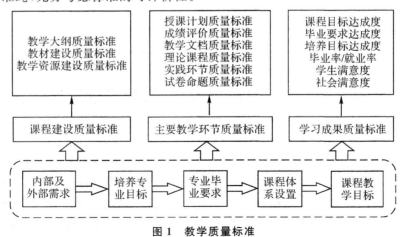

图 1 教学质量标准

3 以学习成果为导向,构建课程教学质量多元评价主体

从认知学习理论来看,学生学习成果可分为认知性成果和情感性成果,前者包括专业知识、技能、学习能力等,后者包括情感、态度、素养、价值观等。基于学生学习成果评价课程教学质量,可综合运用直接评价与间接评价方式开展。一般来说,认知性成果宜采用直接评价方式,即测验、作业、项目验收、课堂演讲、设计报告等形式;而情感性成果可采用问卷调查形式进行。不同评价方法与手段,评价主体亦不同,从而形成多元主体共同参与的评价机制,使评价结果能更真实、更全面地反映课程教学质量,为课程教学的持续改进提供更加科学和准确的依据。具体设置如表1所示。

表1 课程教学质量多元评价主体设置

评价项目	评价内容	评价主体	评价方法
教师教学质量	课堂授课质量	领导、督导/同行、学生	课堂听课,学生评教
	课程建设及教学改革	教务处、学院教学考核委员会	项目立项及验收
	课程教学资源建设	教务处、督导	材料检查
	教学材料完成质量	督导、课程组组长	材料检查
学生学习质量	课程目标达成度	教师	课程目标达成度评价机制
	学习过程及学习态度	授课教师、学工办、班主任	教师评学、辅导员评价、班主任评价
	毕业率、就业率、考研率	学工办	数据统计
	毕业要求达成度	专业建设小组	成绩定量评价、毕业生问卷调查定性评价
	培养目标达成度	用人单位、毕业生	用人单位问卷调查,毕业生跟踪调查
	各类获奖人次数/年	学工办	数据统计
	学生满意度	学生	学生评教
	用人单位满意度	专业建设小组、用人单位	用人单位问卷调查

4 以学生为中心、以学习成果为导向,科学设计课程教学质量评价指标体系

在设计课程教学质量的评价指标体系时,必须以学生为中心,以学生学习成果为导向,应关注以下几个方面:①首先,指标体系必须要能体现一些基本的高校教学原则,因为这些基本原则是社会对教育的要求,是科学教育理论与经验的总结,为教学质量提供基本的保

障；②指标体系必须能评价出教师的具体教学状况、学生的真实学习情况及学习效果，帮助教师找出教学过程中所存在的问题，以便教师及时调整教学策略，持续改进教学质量及效果；③由于环境和教育对学生学习效果的影响只有通过学生自身的身心活动才能起作用，因此指标体系必须要表现出"教师激发学生学习动机和充分发挥学生个体主观能动性"这一特征；④指标体系要在强调教师教学共性的时候，重视教师的教学个性表现，因为课堂教学是丰富复杂的综合过程，需要教师充分利用自己的知识、能力，结合自己的个性特点，发挥自己的创造力，形成自己独特的教学风格，以提高学生主动参与课堂学习的积极性；⑤不同类型的课程具有不同的授课特点及学习结果特征，比如理论课程、实践课程、毕业设计等，因此指标体系应将普遍性与针对性相结合，以便评价主体做出更精准的评价；⑥注意将定量评价与定性评价相结合[2]。

为此，我们设计了三套评价指标体系：学生评教指标体系、教师评学指标体系、专家/同行评教指标体系。其中学生评教指标体系如表2所示[2][3][4]。

表2　学生评教指标体系

一级指标	评价内容
总体评价	你对教师教学的总体评价
	你对本课程的总体评价
	你是否愿意向其他同学推荐该老师
教学态度与能力	对待教学工作认真负责，热爱教学，备课充分，授课认真，作业批改认真，反馈及时
	讲授生动，有感染力，讲解逻辑性强，学生容易理解相关知识点
	老师能关注并引导学生成长，鼓励学生勇敢面对困难和挑战
	老师能公正、客观地对待所有学生，尊重学生
	我的问题在课堂及课外都能及时得到老师的帮助
教学内容与方法	课程开始时，老师能明确告知课程要求、目标和考核方法
	教师能有效使用现代化教学手段（如多媒体、在线教学平台等）辅助教学
	教学资源丰富，课件及视频质量好，对课程学习帮助大
	课堂教学运用多种教学方法，如启发式、案例式、翻转课堂等，积极引导学生思考，鼓励学生提问和发表意见，课堂师生互动多
	关注学生课堂学习情况，有措施吸引学生的注意力
	为学生创造协作学习环境，培养学生的协作能力及沟通交流能力
	老师能有效利用课堂教学时间，教学进度适应学生学习能力
	教室（机房）的设备、设施质量好
课程评价	本课程内容对你来说学习难度是否较高
	本课程对你来说学习负担是否较重
	本课程对你的重要性有哪些

续表

一级指标	评价内容
自我学习评价	我能按时上课
	我能认真听课,积极回答问题、参加讨论
	我能认真完成课内外作业
	每周我用×小时学习本课程
教学效果	课堂气氛活跃,能始终吸引我的注意力,激发了我对本课程的学习兴趣
	我能够理解和掌握课程核心知识
	我的批判和创新思维、自主学习能力、沟通交流能力、分析问题和解决问题的能力得到了提高
主观问题	你认为该教师教学的突出优点是什么
	你认为该教师的教学还有哪些需要改进的地方

5　开展形成性与终结性相结合的学生评教,丰富课程评价模式

学生评教工作通常是在期末课程即将结束时进行,这是终结性评价,评价结果不能用于及时改进当前学期课程教学,存在"重结果、轻过程;重评价、轻诊断"的问题。为此,在进行期中教学检查时,增加课程中期学习调查,由课程组具体实施,加强形成性评价,对各教学环节进行实时质量监控,及时调整和改进教学过程,通过"评价诊断—信息反馈—修正改进—提高质量"几个阶段的工作,逐步提升教学质量。

6　实践与效果

本质量评价体系从2018年开始逐步在杭州电子科技大学计算机学院操作系统课程组中实施,课程组共有9位教师,承担了计算机科学与技术、软件工程、网络工程等8个专业的操作系统、操作系统课程实践、Linux系统及应用、Android应用开发4门课程的教学任务。课程组依据教学质量评价数据,有针对性地调整、改进教学工作,使教学质量不断提升,学生认可度逐年提高。表3及表4分别是最近几个学期"操作系统"课程的教学目标达成度、学生评教的统计数据。

表3　最近4个学期"操作系统"课程目标达成度比较

课程目标	2016—2017-2	2017—2018-1	2017—2018-2	2018—2019-1
1.操作系统原理知识的分析、研究与应用能力	0.64	0.78	0.79	0.81

续表

课程目标	2016—2017-2	2017—2018-1	2017—2018-2	2018—2019-1
2. 现代信息技术工具的应用能力	0.64	0.62	0.77	0.80
3. 分析并设计特定功能模块的解决方案的能力	0.63	0.81	0.80	0.81
4. 具有自主学习和终身学习的意识	0.59	0.78	0.78	0.88

表 4　最近 4 个学期课程组老师学生评教的平均统计数据

学期	总评分	教学能力	教学态度	师生交流	教学效果
2016—2017-2	88.9	88.9	89.7	88.9	88.6
2017—2018-1	90.6	91.0	91.2	90.5	89.8
2017—2018-2	90.9	90.9	91.8	91.0	90.2
2018—2019-1	91.3	91.4	91.8	91.5	90.6

从表 3 数据可以看出,在考核评价方式基本不变、过程考核内容难度相差不大、期末试卷灵活性及应用性逐步加大的情况下,依据相关评价机制得到的课程目标达成度逐步提高,说明学生的学习成效也逐渐提高;从表 4 学生评教数据可以看出,近 4 个学期中,学生给出的课程组老师的总体教学质量、教学能力、教学态度、师生交流、教学效果逐步提高。因此我们可以初步得出下面的结论:随着教学质量评价体系的逐步完善及有效运行,课程的教学质量逐步提高,本质量评价体系是合理有效的。

7　结束语

高等学校的课程教学质量评价是一个系统工程,本文基于全面质量管理理论、工程教育认证的核心理念,构建的以学生为中心、以学生学习成果为导向的课程教学质量评价体系,转变了传统的质量评价观念,由知识导向向成果导向转变,由教师中心向学生中心转变,针对性强、可操作性好,评价结果可信度高,为教学工作的持续改进提供了更科学的依据。

参考文献

[1] James Fredericks Volkwein. Implementing Outcomes Assessment on Your Compus[J]. The RP Group Journal,2003(5):36-48.

[2] 周婷婷,我国高校学生评教指标体系的比较研究[D]. 汕头:汕头大学,2007.

[3] 李媛媛,美国高校学生评教研究[D]. 保定:河北大学,2017.

[4] 王丽荣,中美高校学生评教指标体系的比较研究[D]. 济南:山东大学,2008.

基于学科竞赛的计算机类专业学生创新能力培养实践

周朝阳,龚晓君,徐争前,华鑫鹏

杭州电子科技大学,杭州,310018

zhoucy@hdu.edu.cn

摘 要:本文论述了学科竞赛对计算机类专业学生创新能力培养的作用,以学科竞赛为载体,培养学生的创新意识、工程意识,以及跟踪 IT 产业前沿技术的能力。本文结合杭州电子科技大学计算机学院历年的参赛经验,探讨如何提升计算机类专业学生参与学科竞赛的数量和质量,通过实践验证了学科竞赛在学生创新能力培养中的重要作用。

关键词:创新能力;学科竞赛;计算机类专业

1 引 言

学科竞赛是培养学生创新意识和创新能力的有效手段和重要载体。它可以拓宽学生的视野,把他们的眼光从课堂延伸到前沿技术的各个领域,另外对于营造创新教育的良好氛围,推进校风、学风建设具有重要意义。学科竞赛的开展可以有效促进创新人才的培养,学生通过参加学科竞赛,不仅可以巩固所学的专业知识,还有助于激发学生的创新思维,培养创新能力,提高综合素质和就业竞争力。教育部曾在 2003 年发布过《关于鼓励教师积极参与指导大学生科技竞赛活动的通知》,要求学校结合本校实际情况,建立有效的激励机制,鼓励广大教师积极指导大学生参加科技竞赛活动,以进一步推动高校教学改革的深化和学生综合素质的提高[1]。教育部还推出了"2011 计划"(高等学校创新能力提升计划),核心在于以人才、学科、科研三位一体创新能力提升[2]。大学最基本的功能是人才培养,大学生创新能力的提升是"2011 计划"的重要组成部分。因此,如何以学科竞赛驱动大学生创新能力的培养,已成为各高校重点研究的课题。

2 学科竞赛对计算机类专业学生创新能力培养的作用

2.1 以学科竞赛为载体，培养学生的创新意识和创新能力

学科竞赛过程是一个创新的过程，从无到有，在教师的指导下由学生自主完成作品。在竞赛过程中，需要学生主动思考问题，大胆发挥想象，使其完成的作品能达到高水平、高质量、高技术含量的目标要求。在竞赛过程中，学生必须在自主选择的竞赛课题中找到急切需要解决的各种问题，针对问题讨论出解决方案，在学生不断地思索、讨论过程中，一个个创新点从中诞生。该过程有助于培养学生的创新思维，塑造创新人格，从而提升学生创新意识和创新能力。

2.2 以学科竞赛为载体，培养学生的工程意识

所谓工程意识即工程技术人员无论是从事工程设计与研究、工程制造或在工程管理过程中，所必须具有的创新意识、实践意识、竞争意识、法律意识和管理意识等，并能正确判断各种工程技术问题，迅速做出现场处理，最大化地实现预期效益和客户价值。工程意识是工程技术人员应该具备的基本素质[3]。对于计算机类专业的学生来说，工程意识的培养尤为重要。在完成竞赛项目的全过程，从项目定义、软件开发、系统维护，乃至项目管理的全过程，一名合格的 IT 工程师必须具备业务分析能力、设计实现能力、现场实施能力、语言表达能力、项目管理能力、良好的团队意识与合作精神，以及高度的责任心等，这些能力与素质都属于"工程意识"，也是竞赛团队高质量完成作品应具有的素养。

2.3 以学科竞赛为载体，培养学生跟踪 IT 产业前沿技术的能力

学科竞赛不仅注重强化基础知识和专业能力的运用，还注重引导尝试新技术、新方法、新仪器、新设备的使用，激发学生的深度学习兴趣[4]。IT 是当代最重要的科学技术，是最具创新活力的生产力。时至今日，IT 已经无处不在，尤其是互联网和移动互联网的蓬勃发展和迅速普及，形成了新的知识生产平台和传播扩散空间，引发了经济形态和社会组织的巨大变化。IT 已经成为推动经济社会发展的重要力量。计算机类专业的大学生跟踪和关注前沿技术，如物联网、大数据、云计算、区块链、人工智能、VR/AR 技术等，并把前沿技术运用到学科竞赛中，这是提升大学生创新能力的源泉。

3 以学科竞赛驱动计算机类专业学生创新能力提升的实践

杭州电子科技大学（以下简称杭电）非常重视大学生的学科竞赛，积极引导学生参加各类竞赛活动，其中杭电计算机类专业的学生参加的学科竞赛主要有：ACM 国际大学生程序

设计竞赛（ACM/ICPC）、中国大学生程序设计竞赛、浙江省大学生程序设计竞赛、美国大学生数学建模与交叉学科建模竞赛、中国大学生服务外包创新创业大赛、浙江省"互联网＋"大学生创新创业大赛、全国大学生电子商务竞赛、浙江省大学生电子商务竞赛等。以 2018 年为例，杭电计算机学院在各类竞赛中获得国家级一等奖 25 人、二等奖 49 人、三等奖 57 人，各类省级奖 90 余人。其中在 2018 年 ACM/ICPC 全球总决赛中有 1 人获国际级第 31 名，在第 43 届 ACM 国际大学生程序设计竞赛亚洲区域赛上有 2 人获得亚洲区金牌奖、有 10 人获得亚洲区银牌奖。在 2018 年第九届中国大学生服务外包创新创业大赛上，杭电参赛团队（70％以上成员由计算机学院的学生组成）一举获得一等奖 2 项、二等奖 6 项、三等奖 13 项的骄人战绩，在参赛的 400 余所高校中，杭电总成绩排名第一[5]。在浙江省教育评估院最近几年的毕业生调查报告中，杭电计算机类专业毕业生的"雇主满意度"逐年提升，毕业生的实践动手能力、专业水平、创新能力、合作与协调能力每年都在提高，毕业生的起薪不仅增长幅度较大，而且在省属高校中名列前茅。杭电计算机学院毕业生进全球 500 强互联网公司、自主创业、考入著名高校的比例达到 60％以上[6]。这些毕业生在校期间几乎都参加过学科竞赛，参赛成绩优秀者也获得了更多更好的升学或就业机会。

杭电计算机学院在学生创新能力培养方面取得了一些可喜成绩，在创新人才培养的道路上摸索出了一些路子，如通过完善激励机制、实践课程改革、资源开放共享、营造竞赛氛围等方面来促进学科竞赛的数量和质量提升。

3.1　学校和学院两级对师生参与学科竞赛制定了有效的激励机制

教师指导学生参加学科竞赛获得省级以上名次都有相应的奖励政策，所指导的学生的学科竞赛成绩还可以作为教师评职称、聘岗、年度考核、聘期考核的业绩点。因为有良好的激励政策，教师参与指导学科竞赛的积极性大大提高，在日常教学中就开始物色参赛团队，有的教师就因为学生学科竞赛成绩突出被评为教授。学生方面，学校对获得省级以上名次的学生也有奖励政策，并制定了 GPA 加分、课程替换等一系列政策。学制上要求学生毕业前必须修满 2 个创新学分，大多数学生会通过参加学科竞赛来修满创新学分。

3.2　通过课程改革促进学生参加学科竞赛的积极性

为了提升学生的创新能力，从 2014 年开始，杭电计算机学院开创性地设立了"创新实践"课程。该课程规定学生从大二上学期开始到大三下学期，每学期必修"创新实践"课程，4 个学期共 10 个学分。课程实行导师制、小班化、个性化培养方式。一个教学班 15 名学生，学生和教师通过双向选择组成一个教学班。"创新实践"课上，老师们把自己的研究课题或来自于企业需求的项目进行拆解，分给由 3～5 人组成的项目组，以团队合作的形式完成具体项目[6]。项目组具备一定的能力后，教师会推荐项目组参加与项目相关的学科竞赛。目前，该课程深受学生的喜爱，已成为杭电的"金课"。通过创新实践课程的训练，学生参加中国大学生服务外包创新创业大赛、浙江省"互联网+"大学生创新创业大赛、浙江省大学生电子商务竞赛等项目型的竞赛,能够轻车熟路、驾驭自如地完成竞赛作品,并取得良好的成绩。杭电计算机学院还针对 ACM 国际大学生程序设计竞赛、中国大学生服务外包创新创业大赛等特色鲜明的学科竞赛,开设 ACM 程序设计竞赛实训、服务外包创新创业大赛实训等选修课,这些选修课同样深受同学们的欢迎。

3.3　为学科竞赛开放实验室,实验设备共享给竞赛团队

杭电计算机学院拥有计算机硬件基础实验室、计算机软件基础实验室、软件测试实验室、物联网工程基础实验室、计算机网络与安全实验室、智能移动终端开发实验室、嵌入式实验室等教学实验室,在保证完成教学任务之余,各实验室都开放给竞赛团队作为备赛场地,尤其在晚上和周末也开放。竞赛团队有了良好、固定的备赛环境,指导教师可以随时到现场指导,工作效率大大提高。各竞赛团队根据竞赛课题的需要还可以借用实验设备,如:服务器、移动终端采集器、VR 装备、360 度摄像头、语音机器人、各类传感器、各种集成电路板、无人机等先进设备。实验室为学科竞赛提供了优越的软硬件环境。

3.4　在校园里营造良好的学科竞赛氛围

大一新生从入学开始就能参加一系列的学科竞赛宣讲会,各种学科竞赛社团每周都在招募成员。学生加入竞赛社团后,参加形式多样的活动,通过活动就能全面了解竞赛的内容、特点和规则,以及需要贮备的专业知识和技能。校园网里有各个热门竞赛的网络社区,介绍历届竞赛的赛题和参赛获奖情况。学生只要对哪个学科竞赛感兴趣,就能很容易地找到志同道合的同学。

3.5　组建指导教师团队,发挥教师在各自领域的特长

随着学科竞赛的火热,学生参赛已成普遍现象。组建指导教师团队,可以弥补指导教师数量的不足,同时教师之间还能优势互补,发挥各自领域的特长,解决竞赛课题可能涉及的多项前沿技术问题。教师组成指导教师团队,共同指导的学生竞赛团队数量也可以成倍增加。

4　结　语

创新已经成为当今时代的主旋律,而创新人才培养自然成为高校的首要任务。高校创新人才的培养首先要全面提升学生的创新能力。实践表明,学科竞赛在计算机类专业学生的创新能力培养中发挥着越来越重要的作用。建立以学科竞赛为载体的创新能力培养体

系,形成大批创新人才培养的鲜明特色,全面对接我国 IT 产业对于创新人才的需求,可以推动我国自主创新的长远发展。

参考文献

[1] 蒋秀英.基于学科竞赛的实践教学模式研究[J].实践教学,2008(3):19.

[2] 钟秀玉,刘越畅,柯木超,等.软件工程专业协同创新性实践教学体系的探索[J]. 实验室研究与探索,2014(4):175-176.

[3] 卢冶,刘永良,韩斌.竞赛型创新基地建设与软件工程应用型创新人才培养模式的探索[J].黑龙江教育,2013(12):68.

[4] 李中华,夏明华,李晓东,等.基于学科竞赛驱动的创新创业人才培养研究[J]. 计算机教育,2017(12):37.

[5] 周朝阳,徐争前,舒亚非,等.大学生服务外包大赛案例解析[M].西安:电子科技大学出版社,2018:1-10.

[6] 轶名.以本为本,打造"金课":计算机学院实践育人纪实[EB/OL]. [2019-06-20]. http://www.hdu.edu.cn/news.

基于超星平台的混合式课堂教学探究

——以"数据库系统应用与管理"为例

楼永坚

杭州电子科技大学,杭州,311305

louyjhz@hdu.edu.cn

摘　要:混合式教学(B-Learning)是传统教学(Face to Face)和线上教学(E-Learning)优势互补的一种教学模式,成为继翻转课堂之后高校教学改革的一个重要研究领域。结合计算机专业基础课程教学的特点,本文探讨了基于超星平台的计算机课程混合式教学支持服务体系,构建了混合式教学设计框架,阐述了混合式课堂教学的教学实施过程。并且,本文以"数据库系统应用与管理"课程为例,该课程建设了基于超星平台的课程网站,与线下传统课堂教学紧密结合,实施教师为引导、学生为主体的混合式教学改革,提高了学生学习兴趣和主动性,达到良好的教学效果。

关键词:混合式课堂;教学设计;超星平台;学习效果

1　引　言

在传统教学模式中,教师作为知识的传授者,是教学活动的主体,而学生作为认知主体,却只是被动地接受老师灌输的知识,很难激发创新思维和创新能力。20世纪90年代发展起来的网络教学模式颠覆了传统教学中的师生地位和关系,在培养学生基本技能、信息素养、创新能力等方面体现了较强的优势。但面向在校学生,网络化教学在实施过程中教学监控难度较大,对于计算机专业基础课程,缺乏教师的引导,学生往往难以把握教学目标与难度,学习效果不佳。

混合式教学充分利用在线教学和课堂教学优势互补的特点来提高学生的认知效果。在分析学生需要、教学内容、实际教学环境的基础上,教师在恰当的时间应用合适的学习技术进行教学活动。

本文以独立学院信息工程学院教改项目为契机,从教学设计、教学实施、教学评价等方面进行混合式课堂教学探究与实施。教师可以利用超星学习通慕课平台建设计算机课程线上教学平台,以"数据库系统应用与管理"课程为例,采用分解知识点组织建设课件、视频、题库等资源,以课堂练习和讨论、课后作业、阶段测试、任务驱动的课程实践项目等教学活动实施线上 MOOC 与传统讲授相结合的混合式教学。

2 混合式教学设计

2.1 混合式教学的含义

随着计算机与互联网的普及和迅速发展,结合了网络在线教学与线下教学优势的混合式教学模式,成为教育领域的新模式而日益受到重视。美国培训与发展协会(American Society for Training and Development,ASTD)将混合式学习列为知识传播产业中涌现的最重要的十大趋势之一。国内最早正式倡导混合式教学模式的是北京师范大学的何克抗教授。他认为,混合式教学模式可以把传统教学方式的优势和网络化教学的优势结合起来,既发挥教师引导、启发、监控教学过程的主导作用,又充分体现学生作为学习过程主体的主动性、积极性与创造性[1]。

目前应用的教学形式主要有讲授式、讨论式、研究式、案例式、在线学习、翻转课堂等,广义的混合式教学模式不单指上面两种或两种以上的教学形式的叠加,更是各种教学策略方法的深层次交互融合。不同的课程、不同的学生、不同的应用环境等会有不同的组合,混合式教学模式也就会有不同的内涵[2]。

国内外学者对混合式教学的定义虽然有所不同,但是本质上差异不大。广义上普遍认为混合式教学是传统教学和网络教学的结合,可以达到优势互补的目的,体现建构主义的"主导主体"作用。狭义上则认为混合式教学是教学方法、媒体、模式、内容、资源、环境等各种教学要素的优化组合,可以达到优化教学的目的。

2.2 混合式教学支持服务体系

张成龙等(2017)认为混合式教学学习支持服务要以学生、教师为服务主体,以 MOOC 课程资源为服务的客体,围绕三者之间的教学交互活动,综合考虑各种影响因素通过线上和线下来共同开展学习支持服务。基于 MOOC 的混合式教学学习支持服务体系[3]如图 1 所示。

独立学院计算机课程混合式教学即基于该学习支持服务体系。

教育技术支持:学院引入超星系统作为建设计算机课程线上教学的平台。计算机专业教师具备在平台建设课程的信息化技术能力,目前建设的课程有"数据结构""数据库系统应用与管理""高级语言程序设计"等。

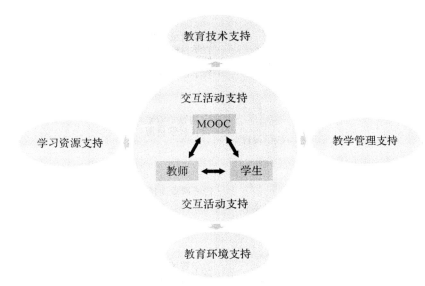

图 1 混合式教学学习支持服务体系

学习资源支持：教师具有一定专业知识和信息技术素养，能针对课程制定教学目标，提炼知识点，能自主制作课程教学视频、教学课件、文档、测试题、讨论主题等各类多媒体教学资源；计算机专业基础课程 MOOC 课程媒体资源非常丰富，总体支持强大。

教学管理支持：信息工程学院设立混合式课堂教学改革项目，鼓励和支持教师开展混合式教学，同时监督和管理混合式课堂教学的实施。

教育环境支持：临安校区教学楼和学生宿舍无线网络全面覆盖，满足了线上教学活动的实施。多媒体教室、计算机机房等保障了线下教学的进行。

交互活动支持：线下教学活动是通过课堂理论教学和实践课程环节完成学生与教师之间的面对面交互活动，线上教学活动是学生、教师以超星课程网站、APP 学习通进行交互活动。

2.3　混合式教学模式设计框架[4]

国内外关于混合学习模式的种类较多，如：印度 NIIT 公司提出了技能驱动模式、态度驱动模式、能力驱动模式几种混合式学习模式；在国内，黄荣怀教授基于对混合式学习相关理论和现实的认识，提出了"混合式学习课程的设计框架"，主要将混合式教学设计分为前端分析、活动与资源设计和教学评价设计三个基本阶段。

根据对混合式学习设计过程一般模式的研究与分析，结合计算机课程教学的基本要求和特点，构建了计算机课程的混合式教学设计框架，如图 2 所示。

"数据库系统应用与管理"课程的混合式教学设计具体步骤如下：

(1)确立目标：授课对象为独立学院计算机大类学生；教学行为是以教师为主导，学生为主体；48 学时理论课程以传统课堂教学为主，线上学习为辅；考核总评是对课后线上作业、

图2 混合式教学模式设计框架

实验报告、课堂线上测试、课堂线下测试、在线实验验收及期中期末考试的总体评价。

（2）混合式学习内容与编排顺序：在超星学习平台建立线上课程，课程内容与教学大纲一致；编排顺序与课堂授课计划一致。

（3）选择和运用恰当的教学媒体和教学策略：教学媒体包括课件、视频、作业库等；教学策略为循序渐进、由浅入深，精心布局、层级分明，理论与实践紧密结合。

（4）教学方法包括讲授法和训练实践法。

（5）教学过程中选择科学的标准进行多方面评价，及时修改和完善。

3 混合式教学实践过程

以"数据库系统应用与管理"课程为例，根据课程教学目标和教学内容，充分利用自建的超星MOOC资源，开展以MOOC与传统教学相结合的混合式教学模式，为学生提供个性化的学习空间和学习途径，提高学生自主学习能力、沟通交流能力、团队合作能力及程序设计能力。

3.1 课堂教学环境

计算机、投影机、平板电脑和手机等设备为课堂教学环境提供了强有力的支撑。教师能够充分发挥教学活动的主导作用，与学生进行面对面交流，有效地控制教学进程，学生遇到问题也可以与教师及时沟通,以获得帮助与指导,这点在课程实践环节上尤其突出。学生在课堂学习环境中有群体信任感和归属感,学习过程中不会产生孤独感,从而形成良好的课堂心理氛围。

3.2 网络学习环境

在"混合式教学"模式中教师可将课程内容分成两部分:重要和难理解部分,以课堂讲授为主;相对简单、易于自学及课外拓展部分,以网上自主学习为主。

按线下课程每堂课的授课计划划分好重要知识点和难点,建设线上课程的相应内容;细分知识点组织课件和视频,作为学生线上课程课前预习和课后复习的资源;建设课程题库,按每章归类,题型包括判断题、选择题、填空题、应用题等,题目难度分为难、中和易;按线下课程上课进度发布作业和进行课堂测试,作业基本分为课后作业和实践报告,课堂测试按教学进度和时间选题出卷。通过查看课程网站的作业和考试模块,教师能很好地监督和了解学生学习情况,进行单次、期中、期末纵向和横向统计,学生的学习情况一目了然。丰富的辅助工具和管理模块可以实现自主学习和协作学习,例如 App 在线签到、发布通知、在线讨论、沟通交流和互评、在线提醒提交作业、对后进学生加时等。

3.3 混合式教学环境

混合式学习环境是将面对面的课堂教学环境的优势与网络学习环境的优势相结合,包括外部硬软件环境相混合、学习思想和观念相融合与学习环境和活动相结合。具体包括:①学生对于上课不懂的内容在课后可以通过观看课程网站教学视频或交流平台来弥补;②学生可以在课前通过观看视频或课件等资料预习,带着问题去听课和复习,提高学习效率和针对性;③学生可以结合课堂教学定期发布的、多样化的在线练习与自动测试作业,根据不同项目设置不同的提交时间,培养学生的学习自觉性;④课程网站允许多次提交作业取最高分,使学生在一次次的作业提交中强化所学的知识,达到多练、"在学中做,并在做中学"的目的;⑤作业截止后课程网站允许学生查看答案和解题分析,进一步巩固知识;⑥课程网站允许设置作业乱序出题和查重分析,防止作业抄袭。

4 混合式教学实施效果

每堂课通过设置课堂小测试,学生的课堂积极性与主动参与度明显提高,平时作业质量也有明显提升。教师可以随时了解学生提交和完成作业的情况,并且掌握每次作业中各个题目的得分情况,以便在线下课堂对得分率低的题目进行分析和指导,并就提交率和完成质量与学生及时沟通。

第一轮混合式课堂实践,学生人数约为 280 人(三个教学班),理论课程以课堂教学为主,线上学习为辅;实践课程以线上学习为主,课堂教学为辅。理论课程学习访问量超 1 万人次,课后作业 11 次,总题量超 200 道;课堂测试线上 4 次,线下 12 次。课后在线作业的提交率和质量均高于传统课堂模式 10%~15%。课程实践学习访问量近 8000 人次,线上发布任务点视频 10 个、布置实验 9 个、提交综合实践报告 3 个。实践课程报告优良率与提交率提升 15%。期末考试中程序设计题(SQL)得分率明显提高,因此卷面成绩低分率降低 20%。

5 总 结

混合式学习是多种不同教学理论的教学模式的混合,以教师为主导的活动和学生主体参与活动的混合,课堂教学与网络虚拟课堂的混合,不同教学媒体和教学资源的混合等。其核心是强调将教师的主导作用和学生主体地位有机结合起来。教师根据教学过程中不同情境、不同问题、不同要求,采用不同的教学方法来解决问题,解决了在传统课堂教学过程中过度讲授而导致学生学习主动性差、认知参与度不够、不同基础的学生的学习效果差异过大等问题,从而有效地提高了学生的学习积极性和学习效率。

混合式教学模式通过信息化手段重构传统课堂教学,已受到很多高校教学管理者和师生的欢迎。今后会进一步探究在混合式教学中如何设计多样化、多元化、分层次的教学活动,以进一步提升教学效果。

参考文献

[1] 王金旭,朱正伟,李茂国.混合式教学模式:内涵、意义与实施要求[J].高等建筑教育,2018,27(4):7-12.

[2] 马秀麟,赵国庆,邬彤.大学信息技术公共课翻转课堂教学的实证研究[J].远程教育杂志,2013,31(1):79-85.

[3] 张成龙,李丽娇.论基于 MOOC 的混合式教学中的学习支持服务[J].中国远程教育(综合版),2017(2):66-71.

[4] 陈瑞增.信息化环境下高校混合式学习探索与实践[D].武汉:华中师范大学,2014.

新工科背景下计算机专业跨专业融合思考

蔡崇超,卢　嬿,朱锦晶,蒋妍妍,项中华

湖州职业技术学院,湖州,213000

caichongchao@163.com

摘　要:本文主要分析了如何在新工科建设背景下,融合不同专业,建立交叉学科,以跨专业,跨企业的形式进行专业融合,希望以此为契机开拓校企合作的思路,并在此过程中培养学生创业创新能力。

关键词:新工科;计算机专业;校企合作;创新创业

1　引　言

开展"新工科"建设是高等教育提升质量、推进公平、创新人才培养机制攻坚战的重要举措。"新工科"以新技术、新产业、新业态和新模式为特征,推动和引领高等教育深层次变革。新工科的建设以人工智能、智能制造、机器人技术、大数据、互联网、云计算等和计算机相关的技术为核心,在此基础上融合不同的传统工科诸如机械、电子、化工、物流、建筑、汽车等专业。为了迎接万物互联的智能时代的到来,不同的专业与学科在计算机等信息技术的融合下迎来了新的发展。新工科建设过程中,由于计算机专业的特殊性,理应在其中发挥更加重要的作用,本文主要就新工科的内涵,以及在新时代背景下计算机专业如何进行跨学科、跨企业合作,以及在创新创业中应当发挥的作用进行了探讨。

2　新工科建设背景下计算机专业的发展

《"新工科"建设复旦共识》中指出:我国高等工程教育改革发展已经站在新的历史起点。当前我国的经济发展处于转型期、升级期,以人工智能、大数据、云计算、互联网技术为核心的新经济蓬勃发展,突破核心关键技术,构筑先发优势,迫切需要融合不同学科培养大批新兴工程科技类人才[1]。

2.1　计算机专业在新工科教学中的支撑作用

目前在大多数高校教学的过程中,计算机基础教育还停留在以 Word、Excel、Powerpoint 等基础软件应用为主的教学体系中,在国家明确地提出新学科理念以后,这种教学计划已经有些不合时宜了,有非常多的非计算机专业迫切地需要编程知识来对其进行教学支撑。以金融专业为例,其对 IT 这一技术就非常重视,可以说没有一家机构可以离开 IT 的支撑[2];再比如旅游专业,对旅游大数据的分析可以更好地为游客提供贴心的服务。

程序设计能力的培养,不仅仅是为了提高学生的计算机应用能力,更主要的是对学生编程思维能力的培养和锻炼。在非计算机专业开设编程类课程,可以帮助学生将人工智能、互联网、云计算等技术更好地融合到自己的专业中,从而提升专业技能水平。

2.2　计算思维在教学过程中的应用

2005 年,美国总统信息技术报告中指出:"其他研究前沿学科可以通过先进的计算技术来解决很多问题"[3]。因此对非计算机专业学生计算思维的培养也是一个非常重要的内容。计算思维通过隐藏在计算机编程技术之后的编程思想着眼于现象之间的关联性,扩展了我们认知问题和解决问题的能力[4],计算的本质是对数据的有效利用。当今时代,是一个信息爆炸的时代,同时也是一个信息处理能力爆炸的时代,无论是哪一个行业都积累了大量的数据需要处理。举一个简单的例子,深度学习的思想在 20 世纪 80 年代就已经提出来了[5],但是直到 21 世纪,随着社交网络、智能手机的兴起,数据呈现出了爆发式的增长,才使得深度学习技术有了用武之地。我们可以发现,目前随着信息管理系统在各行各业的应用,每个行业都已经积累了大量的数据,如何让这些数据发挥更大的作用,这就要求从业人员具备计算思维并能运用其进行信息处理。我们有理由相信,随着社会的发展,编程技术将成为与数学一样的基础性课程。

2.2　计算机通识课程教育与时俱进

在目前的高等学校教学中,C 语言还占据了很大一部分教学空间,但 C 语言过分强调语法和性能,入门困难的特点使得它并不适合非计算机专业学生解决一般工程和科学问题[6]。在人工智能、大数据时代,Python 语言引起了人们越来越多的关注。相对于 C 语言而言,Python 语言简单易懂,开发效率高,具有很多已经成熟和完善的程序模块,还具有可移植性、可扩展性、可嵌入性等特点。相对于 C 语言和其他高级语言而言,Python 语言虽然有语法不够严谨,执行速度慢等缺点。但是对于非计算机专业学生而言,程序语言应能更多地帮助其进行数据建模,数据分析,而这些恰恰是 Python 语言所擅长的。目前在美国,已经有越来越多的高校,将其作为入门程序语言对学生进行讲解[7]。

3　国内当前校企合作现状

3.1　借鉴国外成熟的双元制教育方法

德国的"双元制"职业教育[8]将企业与学校深度地绑定在一起进行合作办学,在这个过程中企业和学校分别与学生签订合同,通过这种方式形成了一种独特的双元制教学模式。

高松[9]针对德国双元制职业教育进行了细致的研究,总结出了如下几个特点:第一,企业必须有相应的培训场所。第二,政府对企业有培养和管理的责任。第三,企业需要根据学生的实际情况制定培训条例。第四,企业受行业协会监督,由行业协会具体负责监督企业培训并组织最终考核。第五,职业教育免学费,由企业和国家共同承担培养经费。从以上这些特点我们可以看出,承担双元制教育的企业不但有政府和行业协会对其进行监管,与此同时还需要制定相应的教学大纲,这对于企业来说既是一种要求也是一种促进,在行业部门的指导下,企业可以变得更加的规范化。对接受职业教育的学生而言,最重要的是有动手实践的机会。双元制职业教育一方面使得学生在学校接受理论教育,另一方面使学生有一半的时间在企业接受实践教育,有效地促进了学生的动手能力。

3.2　学徒制

学徒制是将传统的学徒教育与当代高等教育相结合的一项教育培训制度,是一种全新的职业人才培养方式,在这个过程中由政府负责指导,行业协会进行监督,校企合作是其核心内涵[10]。

2015 年 7 月 24 日,浙江省人社厅、财政厅提出了"在企业推行以'招工即招生、入企即入校、企校双师联合培养'为主要内容的企业新型学徒制"[11]。2019 年 2 月 13 日,《国务院关于印发国家职业教育改革实施方案的通知》提出了明确的要求:坚持知行合一、工学结合;推动校企全面加强深度合作;打造一批高水平实训基地;多措并举打造"双师型"教师队伍;推动企业和社会力量举办高质量职业教育;做优职业教育培训评价组织。一系列政策文件的出台说明,由国家主导的现代学徒制教育迫切地需要从理论走向实际,以更好地为广大学生服务。

无论是德国双元制教育还是现代学徒制教育,本质内容都是学校和企业合作办学提升学生的整体素质。

4 新工科建设背景计算机专业校企合作模式新思考

4.1 跨专业校企合作

在新工科建设的背景下,校企合作的形式和内容也应当与时俱进,探索新的模式,促进学校和企业的共同进步。在当今时代由于信息化技术的快速发展,越来越多的企业需要计算机技术的深度融合。非计算机专业的老师虽然具备专业的内容,但是不懂得计算机技术。计算机专业老师虽然懂得云计算、互联网、大数据等技术,但是却并不了解业务层面的内容。越来越多的企业既需要懂得专业的人又需要懂得计算机技术的人为其开发信息管理系统,以完成对业务的支撑,在这其中我们就可以看到,在新形势下,校企合作的合作对象也发生了变化。

以计算机专业为例,在以往的校企合作中,计算机专业的合作对象往往是软件公司、网络公司等和计算机专业密切相关的行业。但是在新工科背景下,针对某一个行业可以有针对性地开展校企合作,譬如医疗行业,当今医疗行业对于信息化的需求非常强烈,特别是由于人工智能技术的广泛应用[12],比如 AI 取代医生进行医疗影像图片的读取,AI 发药,智能导诊等应用,在未来 AI 将会和医疗进行深度的融合,在这其中既需要医疗人员的专业知识,也需要计算机专业人员的技术水平。

再以物流行业为例,物流是一个非常强调速度的行业,大数据分析技术结合电子商务,可以对物流仓库的管理进行极致优化,大大地缩短物流时间,这就是物流专业思维结合计算机行业技术的又一个典型案例[13]。

因此我们认为计算机专业在新工科背景下的校企合作的企业范围将会大规模扩大,这样一方面可以锻炼学生的技术水平,另外一方面可以提升其他行业的信息化程度,使得他们在各种行业竞争中保持优势地位。

4.2 跨专业创新创业

在当前大学生校园内,创业创新是国家大力提倡和鼓励的,在这其中也少不了计算机专业的参与,比如已经举办多届的全国大学生互联网创业大赛。在"互联网＋"的时代背景下,不同的专业、不同的项目都需要互联网化,很多学生的项目创意非常优秀,在这些优秀项目实现的过程中,计算机专业的学生参与帮助他们把优秀的创意实施成功是责无旁贷的,因此我们认为在这股"互联网＋"创业浪潮中,以计算机专业为核心的跨专业融合创新创业是需要重点考察的内容。

5   结   论

在新一轮国家高等教育规划中,以人工智能、大数据、互联网等计算机技术为代表的新工科在各个高等院校蓬勃发展,新工科的出现为校企合作,校内大学生创新创业提供了新的思路,本文主要探讨了计算机技术在其中发挥的重要作用及其可能的发展方向。从中我们可以看出,计算机专业必然在新工科建设的浪潮中起到重要的作用。

参考文献

[1] 教育部高教司. 教育部高等教育司关于开展新工科研究与实践的通知[Z]. 教高司函〔2017〕6 号.

[2] 闫跃龙,郭文平. 面向非计算机专业学生的 Python 教学容设计[J]. 台州学院学报,2018,209(03):59-63.

[3] President's Information Technology Advisory Committee. Computational Science:Ensuring America's Competitiveness[R], 2005.

[4] 伍李春,李廉. 新工科背景下的计算机通识性课程建设[J]. 中国大学教学,2017(12):13-15.

[5] 魏忠. AI 教育的学科脑洞[J]. 中国信息技术教育,2018(10):12-12.

[6] 赵广辉. 面向新工科的 Python 程序设计交叉融合案例教学[J]. 计算机教育,272(08):27-31.

[7] 嵩天,黄天羽,礼欣. Python 语言:程序设计课程教学改革的理想选择[J]. 中国大学教学,2016(2):29-31.

[8] 殷好好. 德国职业教育模式及其借鉴意义[J]. 职业技术,2018,17(10):12-15.

[9] 高松. 德国双元制职业教育专业设置及对我国的启示[J]. 职业技术教育,2012,33(19):37-40.

[10] 赵鹏飞,陈秀虎"现代学徒制"的实践与思考.[J]. 中国职业技术教育,2013(12):38-44.

[11] 崔钰婷,杨斌. 我国现代学徒制人才培养模式综述及反思[J]. 当代职业教育,2018(2):71-78.

[12] 宋攀. 医疗 AI:崛起会有时[J]. 中国医院院长,2018,325(14):48-50.

[13] 王柏谊,孙庆峰. 大数据时代物流信息平台构建与建设对策研究[J]. 情报科学,2016,36(3):5.

知识内化的过程分析及应用

樊成立,贺建伟,唐辉军,范春风

宁波财经学院,宁波,315175

380577275@qq.com

摘　要:从智育角度看,教学是以学生的知识内化为中心的。知识内化有其固有规律。提出知识内化四个阶段理论:框架初构阶段,稳固阶段,精细化阶段,维护巩固阶段。教学设计必须围绕知识内化这个中心,服务好、帮助好学生进行知识内化,必须落实好这四个阶段。当前教学中稳固阶段和维护巩固阶段处于薄弱状态,任务显式化是解决这个问题的有效方法。阅读、听讲、观看视频、探究、讲述、讨论、练习、应用、复习等是知识内化的手段,不同阶段的外在手段也不同。知识内化过程理论对于学生自我学习同样有现实指导意义,尤其是后进生。最后用知识内化过程理论分析了翻转课堂。提出授受匹配度概念,提出翻转课堂不一定要有微视频的观点。

关键词:知识内化;过程分析;教学设计;授受匹配度;翻转课堂

1　引　言

知识内化重在强调学习者个体如何利用现有知识和经验感知理解外界的新知识。现有的理论认为知识内化有两种途径:一是同化,二是顺应。同化是指主体认知结构对外部刺激进行过滤或改变而把它接纳到认知结构中来。而认知结构在同化外部刺激的过程中,自身结构也发生相应的改变即顺应。同化和顺应实质上是同一心理过程的两个方面。[1]

笔者结合自身的学习经验经历,在长期的小学、中学、大学的教学过程中,观察不同学生的学习方法,并对比个人求学时身边同学的学习方法,在知识内化理论的基础上,总结了知识内化过程的基本规律。

学习的过程就是知识内化的过程。单从智育来看,教学的过程就是促进、帮助内化的过程。因此对知识内化的过程进行详细分析,找出知识内化的过程规律,无论对于教师的教还是学生的学,都有理论指导意义。教师据此知道如何设计教学过程,才能更好地促进帮助学生进行知识内化,提高教学效果;学生据此安排自己的学习任务,知道哪些步骤必须做到才能学会、学好。

2　知识内化的过程

知识内化的过程大致可以分为四个阶段:框架初构阶段,稳固阶段,精细化阶段,维护巩固阶段。

框架初构阶段:在这个阶段,学习者可以建立新知识的相关概念以及概念之间的基本联系,但对概念掌握不全面,没有对概念的稳固记忆,对概念之间的联系掌握得不系统、甚至有错误,有些碎片化,能定性描述但不能定量描述(对于理工科,下同)等。大部分学生是能够完成这个阶段的任务的。通常,在听完一节课之后,大部分人都处于这个状态。如果学生只停留在这个状态,不进入下一个稳固阶段,所学的大部分知识非常容易被遗忘掉,不能形成全面、准确、长久的知识内化。

稳固阶段:学习者对概念有全面的理解和稳固的记忆,知识系统化,能全面理解概念之间的联系,能定性描述也能定量描述,能建立相对完整的、短期(几天)内能完整再现的图式。

精细化阶段:在这个阶段,学习者至少要完成以下几个方面的任务:

(1)防错位:严格掌握概念的内涵和外延,公式、定理、命令等的使用条件;牢牢记住概念、公式、定理、命令等的边界条件以及特殊情况。

(2)防混淆:区分相似的概念、公式、定理、命令等。

(3)知识的熟练应用。

(4)稳固阶段进一步加强。

作业或考试中的判断题和大部分选择题是针对前面的(1)和(2)。

我国中小学因为升学考试压力的原因,这个阶段的工作做得很充分,大学里就差很多。精细化的前提和基础是稳固的知识内化。在练习足够的前提下,稳固阶段的知识点掌握得好的学习者,这个阶段一般也能很好地掌握;稳固阶段的知识点没有掌握好的学习者,往往这个阶段的学习任务也不容易完成。

维护巩固阶段:大脑的遗忘是无法避免的。经过前面三个阶段知识内化,已经形成的图式在经过一段时间后,还是会销蚀和崩塌。要想图式长期甚至永久完整清晰,必须进行定期和不定期的维护巩固,也就是复习。

维护巩固阶段与稳固阶段有相同之处,也有区别。相同的地方是都包含有记忆。区别是稳固阶段的重点是知识系统化,建立相对完整的图式,是从少到多、从零碎到系统的构建过程;维护巩固阶段的重点是对抗遗忘,形成长期记忆,是防止知识建构消解、崩溃的过程。

知识内化的四个阶段基本上以时间先后划分的,后面的知识内化过程也基本依赖于前面阶段的知识内化过程。但又不是绝对的。后面的知识内化过程也反过来加强前面的知识内化过程,比如可能在精细化阶段中弄明白了框架初构阶段没有明白的问题,等等。各个知识内化阶段的划分也不是截然的,而是有些模糊的,甚至相互交错的。

不同阶段的知识内化的外在方式是不一样的。框架初构阶段的知识内化的外在方式主要是阅读、听讲、探索等;稳固阶段的知识内化的外在方式主要是记忆、知识梳理和知识应用,具体可以是复述、背诵、总结、讨论、题目练习等;精细化阶段的知识内化的外在方式主要是仔细研读、习题练习、讨论等;维护巩固阶段的知识内化的外在方式主要是复习,具体可以是复述、背诵、写小结、写总结等。

知识内化任何阶段工作的缺失或没有完成,都会造成知识内化不能圆满完成。四个阶段之于知识内化,犹如工艺流程之于工业产品,任何流程的缺失或做不到位,都会产生废品、次品。当然,人不是工业产品,十全十美是不存在的,但至少80%以上完成度的知识内化才是足够有效的,60%以上完成度的知识内化能够刚刚满足后续知识的学习,这也是通常把80分作为良好线,60分作为及格线的内在原因。60%以下的完成度会造成后续课程知识学习困难,如果学习者能够补充不足的完成度,是能够跟上课程的,否则,很难跟上后续课程。所以很难看到长期排名落后的学生能够赶上同龄人的平均水平。

单就智育来说,以学生为中心的教学,本质上是以知识内化为中心的教学。评价教学好坏的标准是教学是否符合了知识内化的规律,知识内化的四个阶段的工作是否得到充分落实。无论采用什么模式和形式,符合了知识内化规律的教学,扎实落实了知识内化四个过程的教学,就是好的教学。

一个很普遍的观点是:翻转课堂把知识传递提前到了课前看视频阶段,课堂教学更好地解决知识内化问题,把知识传递排除在知识内化之外[2]。但赵兴龙把观看视频环节称之为第一次知识内化[3]。笔者认同赵兴龙的看法。无论课前看视频还是课堂组织讨论等都是内化的过程。知识传递类似于本文所定义为框架初构,是知识内化的阶段之一。

3   传统课堂教学知识内化过程的缺损

为了论述方便,下面把在知识内化过程中部分阶段工作的缺失或没有得到充分执行称为知识内化过程的缺损。

3.1   传统课堂教学初构阶段、精细化阶段做得好,稳固阶段、维护巩固阶段相对缺损

稳固阶段、维护巩固阶段相对缺损的具体表现为:部分学生知识碎片化、残缺化,不系不完整,学生不能完整叙述章节知识概要,不能完整准确叙述公式、定理,甚至不能正确完成

有固定流程解答的题目(比如解方程)。这部分学生往往处于中等以下(说明:这里的中等以下的参考标准是全国同龄的所有学生。如果在重点小学、中学、大学,差生也可能没有我说的这种情况,如果是教学质量差的学校,可能较好的学生也有这种情况。本文重点要解决的问题就是希望能为最大多数的普通学生找到一个行之有效的学习方法和和教学方法。下文谈及优生、后进生等也是按照这个标准来说的)。这部分学生成绩不好的主要原因就是稳固阶段、维护巩固阶段工作的缺损。可他们并不自知,他们渴望有好的成绩,去参加课外辅导班,请家教,可是课外辅导一般的做法还是布置更多的题目,就题讲题,效果往往不好,提高很少。我在辅导学生的过程中,往往首先检查学生能否完整准确叙述基本概念公式定理,对于他们不能准确回答甚至根本不知道的,学生要先把这部分补齐才能进行下面的解题辅导,同时转变他们的认识,使之认识到稳固阶段和维护巩固阶段的重要性,抓住病根,而不是简单地头疼医头脚疼医脚,这样会收到很好的效果。

3.2　在理科教学中,重理解轻记忆是造成知识内化过程缺损的原因之一

普遍的观点是理科强调在理解基础上记忆,不能死记硬背,这是正确的。但在实际执行过程中有时出现了偏差,重理解,轻记忆,这是很片面的。在理解基础上进行记忆,是说理解基础上的记忆比死记硬背的记忆好,而不是说理解比记忆重要,甚至不需要记忆。理解和记忆都重要。理解是对知识点的理解,脑袋中没有记忆任何知识点,理解的对象都不存在,如何理解?没有记忆的理解是无水之河、无米之炊,就像没有内存只有CPU的计算机。老年人在生活中出现的丢三落四,往往是智力下降的重要表征,学生在一个系统知识上记忆残缺不全,同样是很严重的问题。这是一个很严重很普遍的问题,但没有引起师生的重视,甚至认识不到这个问题。

用知识内化过程理论来分析就是:教师对稳固阶段、维护巩固阶段的重要性认识不到位,学生对此的认识更加不到位。有的教师能够认识到需要稳固和维护巩固阶段,但低估这两个阶段的重要性。在教学中的表现为:对应于稳固阶段的课堂总结草草了之,至于学生是否真正记忆巩固,无从知晓。事实上大部分学生没有真正做到构建稳固的图式,只有少部分优秀的学生能真正落实这两个阶段。

3.3　任务显式化是解决落实稳固阶段和维护巩固阶段的重要手段

所谓显式任务,就是有明确要求,而且完成后还要结果验收的任务;与之相对的隐式任务是指对于完成最终任务不可或缺或非常重要,但任务要求方没有提出明确要求或者提出要求但并不进行结果验收的任务。在工作、学习、生活中,往往既有显式任务,又有隐式任务。比如员工完成领导交代的任务,学生完成老师布置的作业,都是显式任务。成年人保持每天充分的运动是一个隐式任务。对于一个成年人,几乎没有其他人强迫他必须每天运动,也没有人对这个任务的执行结果进行检查验收,但所有人都承认每天运动对健康的重要性。

大部分人都更积极地完成显式任务,而消极对待隐式任务。俗语"家活懒,外活勤"就是对这一现象的描述。

对学生来说,书面作业、上课听讲是显式任务,梳理知识、构建知识、复习等对应于稳固阶段和维护巩固阶段的学习形式大多是隐式任务。懂得学习方法(本质是虽不能明言知识内化理论,但能知道自己在哪些方面不足)、学习自觉的学生,能够自己在课下落实这两个阶段,所以取得了好成绩;其他同学,只知道完成显式任务,虽然有的也很努力,却不知道还有稳固和维护巩固阶段这样的隐式任务,或者虽然知道但没有认真对待,造成成绩不理想。

解决传统课堂教学知识内化过程缺损的办法:师生共同转变认识,重视稳固、维护巩固阶段,把稳固阶段、维护巩固阶段的任务显式化,把这部分作为书面作业完成,提问、抽背、考试相应的内容。比如教师可以布置总结课堂知识、章节知识的小结,考试章节内容概要、章节知识脑图等任务。让学生直接感受到这是学习的必要方式和手段。

如果考试时考章节知识脑图,会让很多教师无法接受,那不是提倡死记硬背吗?不能这样看。应该看作是对学生知识内化的考核,大部分学生还是会在理解基础上去记忆,即使少部分学生死记硬背,那也比什么都没有记住好。考试这根指挥棒不仅要指挥学什么,还要指挥如何学,指挥如何教。充分发挥考试指挥棒的作用,这是中国当前阶段次优、无奈但却有效的选择。

与显式化稳固阶段、维护巩固阶段的任务相类似,翁森勇提出通过细化导学案,明确了学生的学习步骤,这对于低年级学生尤为重要[4]。其实,不只是小学生,对于认为学习就是上课听讲、下课完成老师的作业就万事大吉的中学生、学生家长甚至大学生,显式化相关任务,明确学习步骤,都是切实有效的方法。纳入考试是更有效的方法。

4 用知识内化过程理论分析翻转课堂教学

用知识内化过程理论检视翻转课堂,发现翻转课堂取得优于传统课堂效果的原因如下。

4.1 翻转课堂在框架初构阶段比传统课堂教学更有效,授受匹配度更高

学生接受知识的速度有快有慢,匹配学生接受速度的讲授速度才是最好的。在此定义教师讲课速度匹配学生接受速度的程度叫作授受匹配度。从已有的研究看,翻转课堂比传统课堂的授受匹配度更高。学生在观看微视频时往往会通过暂停、重播等使教师的讲课匹配自己的学习速度。这在众多文章中都有论述[5]。

4.2 对于翻转课堂,微视频不是必需的

几乎所有人都认为,要开展翻转课堂,微视频是必需的,但从知识内化过程理论来看,未必是这样。

学习的本质是知识内化。听教师课堂讲授、看微视频、自己看书、与同学和老师讨论,都是内化的手段和形式,都是对内化的辅助。选择用什么手段和形式实现学习这个目的,不是大家都用的、习以为常的手段和形式就一定是最好的。听教师讲解是最古老的学习形式,微视频是这种古老形式在现代媒体技术下的变种。微视频在翻转课堂中大量应用,并习惯性地被默认为是必需的。但笔者从自身的学习经验和教学经验得知,阅读文字有时比观看微视频更有效。

视频和文字材料,学生更喜欢哪一个呢?笔者自己所教的学生的一次对翻转课堂调研的结果如表1所示。在视频和好的文字材料中,学生更喜欢文字材料,超出14.5个百分点。这个数据只反映笔者所教的这一门课程,不具备一般性,笔者也没能找到更多的相关数据。但至少说明对于翻转课堂微视频不是必需的。

表1 你认为哪种形式的课前学习资料对你最有用?

选项	小计	比例
教学视频	124	40.13%
详细的实验指导	169	54.69%
教材	16	5.18%
本题有效填写人次	309	

从理论上分析,在知识内化的四个阶段,文字材料都有视频所没有的优点。框架初构阶段文字材料有更好的授受匹配度,暂停、复看、都看比视频更随意自然,而且文字是空间结构,视频是时间结构,空间结构更有利于知识内化——知识建构本身就包含类似于空间结构的意思;稳固阶段,空间结构的文字材料更有助于学生梳理知识体系。精细化阶段,文字阅读可以带来更深度的思考。文字语言也比口语更准确,更有利于精细化。维护巩固阶段文字材料更有利于学生复习巩固。

培养学生通过文字阅读获取知识的能力,对于学生的终身学习至关重要。无论是传统课堂教学还是翻转课堂教学,学生学习从来没有离开过教师讲解,学生会误认为学习必须听人讲解才行,从而不能培养文字阅读的能力,造成学生离开学校之后就失去学习能力,这也许是大部分中国人在离开学校之后就不再学习、不会学习的原因之一。

另外,在现阶段,把微视频作为翻转课堂的必要条件[3],会阻碍翻转课堂的推广。在现阶段,我们还有相当比例的教师不具备微视频录制的能力和条件,尤其在不发达的地区、在县城以下的学校、在中老年教师中。把微视频作为翻转课堂的必要条件,既增加了这部分教师的畏难情绪,又打击了这部分教师开展翻转课堂教学的积极性。何克杭也有类似论述[6]。

培养学生通过文字阅读获取知识的能力必须循序渐进。在小学阶段的学习中给学生提供微视频是必要的,因为小学生的阅读能力有限。在初中阶段,可以引导学生通过文字阅读进行学习,高中和大学阶段,学生通过文字阅读获取知识应该是必备的技能。

当然视频肯定有比文字材料更好的地方。最为重要的是微视频最接近传统课堂教学形式，为广大师生所习惯和接受。微视频还有比如更生动形象、吸引注意力等等很多优点。对于操作技能的学习，看视频肯定也比文字阅读有效得多。

这里没有要贬低视频在翻转课堂中的作用的意思，只是提醒大家不要忽略了文字阅读在翻转课堂中的作用，不要忽略了培养学生文字阅读的能力和习惯的重要性，也不要把视频作为翻转课堂的必须材料，允许个别章节没有微视频的翻转课堂存在。

4.3 翻转课堂解决了传统课堂教学无法解决的框架初构阶段的个例问题

（1）框架初构阶段的个例问题。知识内化的过程有共性可循，但框架初构阶段的知识内化又很私人化、个体化，因为知识内化是在个体已有知识的基础上"生长"出来的[7]，而个体已有知识是千差万别的。已有知识对新知识的"生长"可能会引起正向作用，也可能会引起负面作用，即所谓正迁移和负迁移。还有一些学习者"脑回路清奇，新知识内化奇葩"。例如，一个3岁幼童，晚上非常担心地问爸爸："这么多小偷，晚上偷咱家的东西怎么办？"爸爸很疑惑，哪里有小偷啊？小孩指着地上的蟋蟀说："地上不是有吗，好多啊！"爸爸终于明白了，当地人把蟋蟀叫"小秃"，3岁幼童没有区分好"小偷"和"小秃"这两个相近的读音，把蟋蟀当小偷了。当然，对于进入小学教育以后的学生，是不会发生这样笑话般的错误的。但与此非常类似的是，老师所讲的某一个词，尤其是专业名词，部分学生理解的很可能与老师所指的意思完全不同，于是学生要么无法进行框架初构，要么构建的知识是错的。

知识初构阶段会出现新旧知识矛盾冲突的现象。可以分三种情况：一是旧知识错了，与新构建的知识相矛盾，需要顺应；二是新知识没有正确构建，内化的新知识错了，需要重新同化；三是新旧知识都没有错，但学习者自己觉得矛盾，内部协商失败。这些矛盾冲突必须及时纠正和解决，否则，学习者心中相互矛盾的知识带来的疑惑、焦躁甚至愤怒等消极情绪，足以打消学习者的学习积极性，甚至拒绝学习，从而无法继续建构新的知识。

（2）翻转课堂解决了传统课堂教学无法解决的框架初构阶段的个例问题。翻转课堂通过多种渠道（比如网络）沟通，使得内化有问题的同学，有机会解决以上所述自己的个例问题，即使在课前不能解决，学生还有机会在课中充分表达自己的问题，获得解决方案[8]。但在传统课堂中就无法充分解决。一是课堂教学时间有限，老师不可能解决所有有问题的学生的疑问。二是有问题的学生出于面子问题等原因，不好意思在课堂上提出自己的问题，以至于在课堂上能提出问题的往往是优生，后进生反而没有任何问题要问。某高校教师每节课的最后，都会问一句："有问题吗？"往往没有学生提问，于是他说："没有问题就代表大家都听明白了。"知道这个事的老师都把这事当作笑谈，包括这个老师自己。这是一个三本的院校，所有学生都听明白是不可能的，只能说明，有问题的学生往往不问。翻转课堂由于沟通渠道变成了网络渠道，解决了学生的面子问题，课堂上不敢当着全班同学提问的学生，往往能大胆地在网上向老师咨询。在笔者本人的课堂教学中，学生提问的数量在翻转课堂中也是比在传统课堂教学中多得多。翻转课堂也解决了传统课堂教学课堂时间有限的问题,因为翻转课堂框架初构阶段在课前进行,不同学生的学习时间分散。总之,翻转课堂解决了传统课堂教学无法解决的框架初构阶段的个例问题。

翻转课堂最大化了授受匹配度,又解决了知识内化的个例问题。实质上是翻转课堂很好地解决了传统课堂教学无法解决的框架初构阶段的因材施教问题,使得所有学生都能顺利完成框架初构阶段。框架初构阶段是内化过程的第一阶段,在这一阶段的缺损,会影响整个内化过程。

4.4 翻转课堂的课堂教学弥补了传统教学稳固阶段缺损的不足

翻转课堂虽然占用了更多的教学资源,但是也优化了教学资源。围绕知识内化这个中心,学生、教师、教材、微视频、作业、教学环境等都可以看作是教学资源。翻转课堂课前学生要阅读教材、观看微视频,占用了更多的学生时间资源[3,9]。翻转课堂也更多地占用了教师资源[3],教师除了上课,要用额外的时间录制微视频。但由于微视频可以无限复制和播放,放大了教师的讲解资源,教师重复讲授一门课程的时候,由于讲授视频在第一次就录制好了,可以把更多的精力放在课堂的讨论、互动学习等的课堂设计上[10],所以,翻转课堂优化了教师的时间精力资源。

翻转课堂通过占用更多的教学资源和优化教学资源,使得翻转课堂在课堂教学中可以有更多的时间用于课堂讨论、互动学习、重复强调重难点等。这加强了知识内化的稳固阶段的发展。

5 知识内化过程理论的现实意义

首先,对于学生,尤其对于后进生,具有实实在在的现实指导意义。现实中有些学生,态度很好,也上进努力,上课认真听讲,下课认真作业,不停刷题,但是成绩不理想,付出的努力与取得的成绩不成比例,其中一个原因就是不懂得知识内化理论。他们认为学习就是听课、做题,却不知道做题只是知识内化的外在形式之一,还有很多其他步骤和形式也要完成后,才能掌握知识,提高成绩。盲目刷题,只看到了学习的表象。题目不会做,只盯着题目刷题是没有用的,正如农民要麦子丰收,只在麦子抽穗时才施肥管理是不行的,要从麦子苗期一直到收麦全程进行到位管理才能获得麦子丰收。这些同学缺乏的是:对教材的仔细阅读和理解(框架初构)、知识提炼、系统化、记忆(稳固阶段)、定时复习总结(维护巩固)。这些同学必须明白,学习(知识内化)是有规律的,必须按照规律行事,才能取得好的效果。

其次,对于教师,知识内化过程理论能够帮助教师设计出更有效率、更能提高学生成绩的教学方案。教学的本质是帮助学生学习,围绕学习规律设计的教学方案一定是好的教学方案。

对于家长,知识内化过程理论能够帮助家长有针对性地辅导自己的孩子。很多家长知道自己孩子成绩差,但不知道差在什么地方,知识内化过程理论能够帮助家长按照四个阶段去检查孩子的学习情况,发现孩子在哪个阶段有短板,就可以集中精力补短板,而不是一味地要求孩子多做题,像现在的大部分家长那样。

知识内化过程理论并不高深——在我看来所有的教育理论都不应该高深,因为学习本身就是人类的一个基本的普遍的智力、心理活动,高深了就无法大面积推广。但从古至今就有许多的善于学习的人,与此同时又有更多的不善学习、不会学习的人。希望知识内化过程理论能帮助占比多数的不善于学习的人,帮助他们知道什么是正确的学习方法,学习是一个怎样的过程,避免走弯路,避免做无用功,从而提高他们的学习质量和效率。

6　总结与展望

知识内化是有规律可循的,知识内化包括框架初构阶段、稳固阶段、精细化阶段、维护巩固阶段。要围绕知识内化的四个阶段进行教学设计。判断教学的好坏可以从知识内化四个阶段的完成情况来判断。稳固阶段、维护巩固阶段的教学任务可以弥补当前教学中这两个阶段的不足,解决大多数普通学生存在的成绩提高困难的问题。教师和学生都应该重视知识内化的过程理论,对于教师来说,该理论能指导教师进行教学设计;对于学生来说,该理论能指导学生改善学习方法,提高学习效率。阅读教材和微视频观看比教师课堂讲授具有更高授受匹配度,提高了框架初构阶段的学习效率。

四个阶段理论还有待于在教学实践中进一步验证和发展。文中有些观点不同于现在大家普遍接受的观点,还有待于进一步探讨研究验证。另外,还希望教师能够以此理论为指导,设计出涵盖整个知识内化过程四个阶段的、具体的、实用的、可操作性强的、适用于具体课程的教学设计。

参考文献

[1] 百度百科. 内化[EB/OL]. https://baike.baidu.com/item/％E5％86％85％E5％8C％96/10735318? fr＝aladdin.

[2] 张金磊,王颖,张宝辉. 翻转课堂教学模式研究[J]. 远程教育杂志,2012,30(04):46-51.

[3] 赵兴龙. 翻转课堂中知识内化过程及教学模式设计[J]. 现代远程教育研究,2014(02):55-61.

[4] 翁森勇. 知识内化视域下中小学翻转课堂的改良[J]. 江苏教育研究,2016,(25):51-54.

[5] ENFIELD J. Looking at the impact of the Flipped Classroom Model ofinstruction on

Urdergraduate Multimedia Students at CSUN[J]. Tech Trends,2013,57(6):14-27.

［6］何克抗. 从"翻转课堂"的本质,看"翻转课堂"在我国的未来发展[J]. 电化教育研究,2014,35(07):5-16.

［7］白宗新. 个人知识与社会知识及其教育意义[J]. 全球教育展望,2004,33(11):18-23.

［8］ERGMANN J，AARON S. Flip Your Classroom:Reach Every Student in Every Class Every Day[M]. London:ISTE,ASCD，2012.

［9］王秋月."慕课""微课"与"翻转课堂"的实质及其应用[J].上海教育科研,2014(8):15-18.

［10］宋专茂.慕课何以致高校教学方法革新[J].复旦教育论坛,2014(4):55-58.

基于 SPOC 及项目教学法的 C 课程混合教学模式

陈叶芳,王晓丽

宁波大学,宁波,315211

chenyefang@nbu.edu.cn,wangxiaoli@nbu.edu.cn

摘　要:本文分析了 C 课程混合教学模式下存在的问题,提出了一种基于 SPOC 及项目教学法的混合教学模式,对混合教学的组织方式、教学方案的实施、项目教学的引入、评价方式等进行了阐述,并给出在宁波大学的授课实例,为同类课程的教学实践提供了具体的实验方法及借鉴。

关键词:SPOC;C 课程;项目教学法;混合式教学

1　引　言

程序设计语言是人与机器之间交流的媒介,用各种程序设计语言开发的软件系统在不断地解决各类问题,影响着人们生活的方方面面。未来已来,信息社会的高速发展对程序设计提出了更多更高的要求。

国内高校理工科专业一般都会开设程序设计语言及原理方面的课程。作为教学使用的程序设计语言很多,如 C/C++、Java、Python 等,其中 C 语言一直是高校程序设计课程采用较多的入门语言。C 课程的教学改革伴随着信息技术的发展而开展,MOOC、SPOC (Small Private Online Course,小规模限制性在线课程)、翻转课堂、移动学习、混合式学习、在线实践等名词都在 C 课程的改革中不断出现[1,2]。

2　混合教学下的问题分析

改革解决了课程的很多问题,使课程培养能力不断提升,但是新的问题依然会产生。线上线下混合式教学是当前教育中的热点话题,这种模式存在如下一些问题:

P1:过分强调课程微视频,以为给学生看看视频就可以解决所有问题。有很多课程的评定、评奖也以视频作为主要衡量指标,导致教师主动或被动地把大量精力放在视频上,片面地以为仅提供精美的、堪称大片的视频就是好的课程、好的教学。不同类别的课程差异性很大,在呈现形式上也会有很大差别,对理工科的很多教学内容而言,是无法载歌载舞地进行教学的。

P2:只对线上和线下行为做了简单加法。如果只是用 MOOC 课程进行线上预习,虽然便于学生在课堂上更好地理解知识,但如果不对整个课程进行混合设计,那就不能算是真正的混合教学,只是在传统教学基础上增加了一些在线资源而已。甚至有些教师会抵触这种方式,因为他们认为:视频里别的教师,甚至是名校名师,把内容都讲完了,那我上课讲什么呀。

P3:对碎片化学习后的知识缺乏整合。线上资源往往以知识点分解,呈现出碎片化形式,而对程序设计这样的工科课程而言,学完了所有的知识点却不会编程的情况是一个老问题了。对于知识综合运用要求很高的课程,学生不能只限于利用碎片化视频热热闹闹地学完所有知识点,还需要考虑怎样静下心来思考,实现从"只见树木"到"又见森林"的质变。

P4:过分强调自主学习的字面上的意思,而忽略如何真正引导学生以达到自主探究学习的境界。事实上很多学生尤其是普通院校的很多学生在课程初始阶段依然需要教师更多的引导,不能因为要培养自主探究能力,就完全放任不管,只给学生布置些在线视频、在线练习就算完成教学任务了。须知 MOOC 课程虽然具有较高的入学率,同时也具有较高的辍学率。可见,有效学习过程还是需要有一定的外部干预措施的。

目前高校针对在校生的课程都有实体课堂,在混合式教学的大背景下,教师需要对课程资源进行整合,成为新型教学模式下学习的引导者和促进者。如何利用 MOOC 式在线资源,有效开展适合于本校学生的 SPOC 教学,是每一位教师都可以参与设计及实践的。

3 基于 SPOC 及项目教学法的混合教学

3.1 教学模式

我们采用的 C 课程的混合教学模式如图 1 所示。按照学习场景的区别,主要分为实体课堂、网络课堂、实践训练这三个教学场景。由于学生会参与这三个场景的学习过程,所以教师需要设计这三个场景的教学活动。

3.2 教师的前期工作

教师采用 SPOC 教学前需要精心设计,要有的放矢,不要盲目跟从或照搬。

(1)目标定位。了解本校学生的基本情况,考虑如何实施教学要求,达成教学目标。

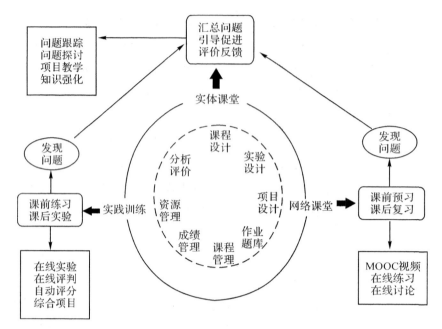

图 1 基于 SPOC 及项目教学法的混合教学模式

（2）资源梳理。梳理现有教学资源，如教材[3][4]、课件、视频、实验项目、综合项目、练习题等。教学资源不一定都是自己原创，但一定都是自己用心选取和推敲过的，是适合本校教学的。

（3）教学设计。如何将众多的教学资源与三个学习场景有效结合是值得反复思考设计的，而不是一成不变的。在教学设计教师中要合理利用教学资源，要根据实际教学情况进行取舍，并不是教学资源用得越多就越好。

（4）网络课堂教学环境。目前很多学校都建有自己的网络课堂，可以发布视频、在线练习、讨论、下载资料、上传作业、评分等，可供本校教师使用。另外还有很多 MOOC 网络平台提供名校名师的 MOOC 课程及教学管理功能，可供大家使用以建立本校的 SPOC 课程。因此网络课堂方面教师有很多的选择，要注意选取交互性能优良、运行稳定的平台，否则会降低学生的学习热情，不利于教学计划的实施。

（5）实践训练课堂环境。C 课程注重编程实践。我们将实践分两部分，一块是在线实践，侧重于知识点的掌握，用的是我校自己开发的在线实践平台（www.nbuoj.com，简称NBUOJ）及题库[4]，该平台面向因特网开放，有大量适合 C 课程的中文题目，具有课程管理、在线判题、自动评分、代码查重等功能。另一块是综合项目，用于进行知识点的综合学习，目前采用线下形式开展。

如果学生只是对知识点进行训练，建议尽量采用在线实践平台，已有很多高校都有开放的 OJ（Online Judge）平台或在线实践平台，提供在线评判及管理，可以将教师从重复的代码检查中解放出来，也可以使学生不再受实体机房及固定上机时间的约束。

（6）实体课堂环境。校内的 C 课程一般都有理论课时和实验课时,实验会在机房进行,理论课则一般在普通教室进行。我们在多年的课程建设中发现,学生比较喜欢边讲边练的学习环境,可以快速发现问题并解决问题,因此近几年尝试理论课也在机房授课。但是在这种情况下要注意一个问题,即教师应能控制机房的所有机器,在需要学生实践时可放开机器,在需要集中倾听的时候可锁定所有机器,否则可能会无法掌控课堂的学习氛围,反而适得其反。

3.3 教学实施

教学实施过程中要避免做简单的线上线下行为的加法。教学的目标是发现问题且解决问题。

（1）预习—问题。网络课堂用于课程预习非常好,但无监管的学习往往收效甚微,所以针对每个预习内容应有对应的练习,目的是发现学生是否有问题。教师需要关注练习结果,从中收集问题。

（2）在线实践—问题。C 课程实践性很强,学生的很多问题往往来自于编程实践方面,而不是来自于理论理解。教师在 NBUOJ 平台上放置相关内容的在线实践题目,网站上会记录学生的所有学习记录,可以在助教的帮助下收集那些典型的错误案例,从中发现问题,或者经典的优秀案例,作为课堂分析或讨论的实例。

（3）项目实践—问题。项目的设计应该像一块磁铁,可以将若干相关知识点的实现都综合体现到一个特定项目中,起到将碎片化知识整合的作用。我们在项目的实践中采用两人组队,但各自提交作业的方式。以往组队完成项目经常有少量学生不作为,参与度几乎为零。目前虽然也采用组队形式,但只是为了方便组内交流讨论,讨论完了学生还是要独立完成一个项目,而且最后要进行作业比对,如果组内同学的作品一模一样的话将会进行质疑。

项目实行过程中会阶段性检查各组成员进度情况,以从中及时发现问题。

（4）课堂—问题探究和引导促进。课堂上对于视频或学习资源中已表述清晰的基础性知识不提倡教师再重复讲述,但对前面环节收集到的学生问题涉及的知识点教师需要着重提出来一起探讨。讨论应该是有组织有设计的,发散的讨论会浪费有限的课堂时间。

项目教学有利于对碎片知识的整合,如一个四则运算小游戏就可以把 C 编程的基础知识,如编程要素、顺序、选择、循环等细节内容都连贯起来,如图 2 所示,能展示出一个简单的项目与知识点的结合情况。建议教师设计 1～2 个综合项目,使其可以覆盖到 C 课程的所有知识点。

项目的顺利开展需要有一定的引导,很多学生比较害怕的是老师讲了一堆碎片知识,然后就给大家布置了一个综合项目,他不知道该从哪里入手。自主探究也是需要一定的基础作为铺垫的,而且是因学生而异的。有的学生可以做"领头羊",甚至老师不用教他就能做得很好,但也有很多学生需要老师领一段路,再让其前行。教师要关注自己学生的实际情况,不能对"自主探究"划一条标准线。项目的分阶段设计及引导很重要,可以设计循序渐进的多个版本,先跟学生一起探讨,确保每个学生都能搭建起一个基本的框架,初期树立学习自信心和探究兴趣很重要。在此基础上提出任务要求,教师可以引导学生进行功能分析及模块实现,不断完善项目的设计及实现,不必要求所有学生最后的设计都是一模一样的,而应鼓励个性化的设计及实现,并要及时组织优秀案例分享及典型错误点评。

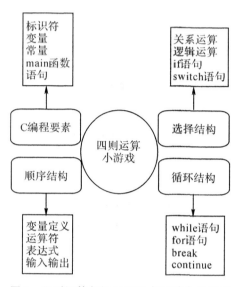

图2 四则运算与课程知识点的结合示意图

3.4 评价反馈

评价要客观公正,但也要摒弃取巧的部分。比如过多强调网站的访问率、发帖的次数或教学视频的完成度其实意义不大。

评价点不要太多或太细,太多或太细的评价点会引来质疑:如此多的评价数据是否都能真实客观地获取?即使都能获取,但如果是冗余的评价数据其实对区分成绩用处也不大,只会白白浪费数据收集的开销。

评价的目的是为了反馈,教师通过评价发现学生的问题,及时反馈给学生,并督促学生改进,以达到更好的学习效果才是教学的目的。

4 教学实验分析

我们在宁波大学信息大类的学生中已开展了多期基于 SPOC 及项目教学法的混合教学,并在持续的改进中。

网络课堂目前采用宁波市高校慕课联盟平台,接下去还会使用浙江省高等学校在线开放课程共享平台及智慧树平台。网络课堂的在线练习分为日常练习和测试两部分,日常练习只关注学生"做"和"不做",不计具体分数,这是为了防止学生片面追求分数而在日常学习中过多抄袭。此举使大部分学生放下对分数的执念,静下心来练习。测试会根据教学内容的进展安排测试内容,一般每个月 1 次,要求学生独立完成。平台会以柱状图展示每个题目的正确率及各分数段的人数,使学生了解自己的水平情况,也使教师掌握班级的总体情况并及时发现共性问题。一次测试的结果如图 3 所示。

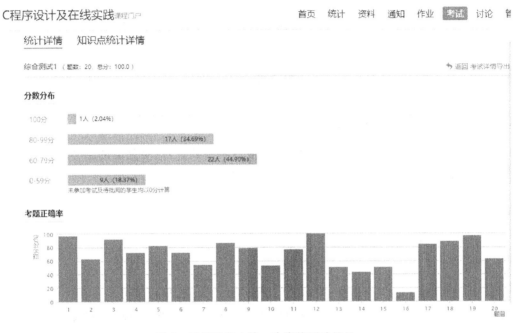

图 3　网络课堂上的一次在线测试结果

在线实践训练目前采用开放的 NBUOJ 平台,该平台从 2011 年上线运行,至今已开出在线实验 300 多门,稳定评判了 200 多万份 C/C++代码,近年又增加了代码查重功能,可帮助教师用户甄别相似的学生代码。校内平行课程的实验都采用了 NBUOJ 平台,将实验教学从"固定地点、固定时间"的传统模式中解放出来,学生的编码数量翻倍增加,而且网站的数据记录为教师提供了大量的教学数据供课后分析。

项目训练目前有"四则运算"和"成绩系统",教学中有多个版本灵活运用,如"四则运算基础版""四则运算函数版""成绩系统结构体版""成绩系统链表版""成绩系统文件版",基本上可覆盖 C 课程的所有知识。

平时成绩的评价主要由四部分组成,即网络课堂、在线实践、项目训练、实体课堂,如表 1 所示。在这里,课堂讨论的占比不大,这是因为学生对课堂讨论的看法不同,有些学生不爱表现出来,尤其在课堂大范围讨论的时候,而且班级大的时候未必大家都有机会参与。因此倾向于在项目训练中,对项目讨论占比大一些,因为项目是每个同学都必须参与的。

表 1　平时成绩的组成

环　节	内　容	占　比
网络课堂	视频学习	○
	在线练习	○
	在线讨论	○
	在线测试	●
在线实践	在线实验	○
	实验测试	●
项目训练	项目讨论	●
	作品质量	●
实体课堂	课堂讨论	○

注：○表示在成绩中占比较小，●表示在成绩中占比较大。

　　课程改革运行至今,95%以上的学生都喜欢这种模式,当然对其中的细节也提出了很多的建议,我们也在这些建议的基础上持续改进建设课程。

5　结　语

　　基于互联网技术的混合式教学已如钱江潮水扑面而来,早几年可能还在讨论"要不要混合"的问题,现在则是要深究"如何混合"的问题。教学活动由教师、学生、资源、环境组成,在海量涌现的教学资源和环境下,教师起到的引领作用非常关键。如何稳住"船舵",在知识的海洋中护送学生一程,使学生以更自信的态度去迎接风浪,是我们在混合教学中需要思考的。

参考文献

[1] 苏小红,赵玲玲,王甜甜,等. 以机试为主、分阶段多重累加式的 C 程序设计课程考核体系[J]. 计算机教育,2014(3):36-40.

[2] 陈叶芳,王晓丽. 混合教学模式下程序设计课程在线实践探索[J]. 宁波大学学报(教育科学版),2019(1):103-107.

[3] 陈叶芳,杨任尔,邬延辉,等. C 语言程序设计方法及在线实践[M]. 北京:清华大学出版社,2011.

[4] 陈叶芳,钱江波,郁梅,等. 基于 NBUOJ 的 C 语言在线实验及习题汇编[M]. 北京:清华大学出版社,2017.

"新工科"背景下地方高校操作系统课程教学改革的思考

江先亮,金　光,钱江波,钮　俊

宁波大学,宁波,315211

jiangxianliang@nbu.edu.cn

摘　要: 在信息技术领域,操作系统起到至关重要的作用,在美国禁令下 Google 停止向华为提供 Android 系统服务使得国内对操作系统的关注度不断提升。操作系统作为计算机及其相关专业的必修课,其在教学方式、教学内容、实验实践等方面仍然存在一定的不足(如理论深奥、实践不足),亟待深入探讨和解决。在文中,我们总结了操作系统教学的现状及国内名校教学改革的情况,提出面向地方高校操作系统课程教学改革的思路,旨在促进该课程推陈出新。

关键词: 新工科;操作系统课程;教学改革

1　引　言

近年来,随着智能芯片、物联感知系统、大数据和深度学习等不断加速发展,信息技术进入新一波浪潮。"互联网＋"和"智能＋"赋能实体经济,对经济、社会产生了深远的影响。依托互联网创造的新应用和新业态对人们的社交、工作、学习等都具有重要的意义。在该背景之下,信息技术教育逐渐受到各级各类学校的重视[1]。目前,中小学已有成熟的信息技术课程,高校信息技术专业课程须定位更高。信息技术各专业自身课程除教学方法的改革之外,教学内容、教学形式更应与时俱进,及时推陈出新,传授紧扣前沿的知识。

以人工智能、机器人技术、量子计算等为突破口的第四次工业革命已经来临,致使新知识呈指数级的增长,跨学科知识体系不断涌现,大大加速了成果转化的步伐。面对知识更新的挑战,许多现有信息技术课程内容陈旧,与新技术、新产业、新学科差距较大,与实践和社会需求脱节[2]。以本文探讨的操作系统为例,目前大多数地方本科高校还停留在理论知识的讲授阶段,很少有教师将操作系统理论和实践结合,且授课内容基本很少更新,难以满足技术发展的需求。

在教育界大量的有识之士的呼吁下,教育部积极推进新工科的建设。自2017年以来,逐步形成了"复旦共识"、"天大行动"和"北京指南"[3],明确提出"根据新技术和新产业的发展趋势,培育建设新兴工科专业;重组并优化涵盖各学科基础知识的新工科专业的课程体系和教学内容;构建新工科专业的实践创新教育教学体系"。清华大学林健教授分析了不同类型高校如何开展新工科建设[4],浙江大学陆国栋教授探讨了新工科建设发展的路径[5]。

与此同时,工程教育专业认证[6]也在各校陆续展开,提倡以学生为中心、产出导向和持续改进三大理念,强调培养本科生解决复杂工程问题的能力。对工科和信息技术专业的学生而言,学习新技术、新知识,掌握扎实的实践开发能力尤显重要。为确保课程符合工程教育专业认证要求,我们对操作系统课程的理论授课、实验实践内容、教学手段和方式等进行了全方位的调整,重点培养学生发现和解决复杂工程问题的能力,学以致用。

2 操作系统课程的教学现状

调研地方高校操作系统课程教学现状可看出,大多数教学以讲授技术全貌及其基本原理为主,教师填鸭式讲授,学生被动接受,学生参与难点问题思考的智力投入少,致使学生对知识掌握的深度不足,同时也使部分学生逐步丧失了学习的兴趣。该类教学方法严重制约了学生的自主学习能力和创新能力发展,学生通常以应付考试为目标。

过去30年,信息技术不断普及,课堂中陆续引入计算机/多媒体课件/互联网/网络课程等,逐步构建了各种数字化教学环境,极大促进了知识传递效率和教学资源建设。但对于实践性要求极高的操作系统课程,该类教学改革难以发挥显著的作用。北京师范大学黄荣怀教授等[7]指出:如果仅将教学内容进行数字化,学习者仍是被动地接受和积累知识,课堂教学也由"人灌"变成"电灌",难以实现学习者"分析、评价和创造"等高阶认知。

从我们多年教学改革看,操作系统课程应当除了让学生掌握关键的知识点(如进程、线程、同步互斥,进程调度和资源分配算法、文件系统实现策略与存储访问机制等)外,还应培养学生的问题分析和抽象能力,使学生能够掌握基本的操作系统分析、设计方法,理解操作系统的设计、实现以及资源管理、分配与调度算法等。强化操作系统实践(表1为我们在操作系统课程实验方面的改革),将理论和实际应用相结合,而非简单地进行操作系统算法验证。在具体的课程考核中,教师应加大操作系统课程实践/课程项目的占比,引导学生进行问题思考,积极培养学生的团队协作能力。

表1 操作系统实验改革内容

实验项目	学时数
基础算法实验	16

续表

实验项目	学时数
Linux 内核裁剪与编译	4
Shell 编程实践	6
Linux 内核模块设计实现	8
简单操作系统内核设计实现	课后

在上表中,我们有超过一半的实验学时进行了操作系统实践,同时辅以课后团队合作的操作系统课程项目,让学生能够用其所学。从实际的教学效果看,课程难度虽然有所提升,但学生对该类安排普遍满意。

3 国内操作系统课程教学改革创新

国内高校一线教师正积极开展针对操作系统课程的教学改革。

清华大学陈渝给出了较为成熟的操作系统课程教学方案[8],核心知识点则涵盖操作系统结构、中断/异常与系统调用、OS 启动、内存管理、进程/线程管理、调度、同步扶持、进程间通信、死锁处理、文件系统和 I/O 系统等。为解决实验实践教学问题,其基于 MIT 的 Xv6 教学系统[9]开发了 uCore 操作系统实验环境并设计了完善的实验教程和资源。哈工大李志军等[10]同样基于 Xv6 教学系统开发了实验,并将其应用于实际的教学。

此外,王秋芬等[11]探讨了 OBE 教学理念下,操作系统课程如何进行教学方法改革,给出了问题驱动、任务驱动、竞争抢答、分组教学等教学方法,激发学生的积极性、主动性。林峰等[12]针对嵌入式操作系统在教学内容和教学方法上存在的问题,提出项目式教学,通过详细的项目设计,在循序渐进完善项目功能的过程中推进教学。朱小军等[13]认为当前操作系统课程实践以验证为主,难以使学生深入理解内核的原理,已成为操作系统设计和开发能力培养的瓶颈。针对该问题,其提出结合 Xv6 操作系统的内核实验,做到理论与实践并重。

总体看来,目前操作系统课程的教学改革初见成效,但大多还停留在教学方法的改善,少数名校则根据自身学生情况开发教学实验实践环境,以强化学生对操作系统课程知识点的理解和掌握,并不能完全适用于普通高校的学生。"新工科"背景下,面向地方高校存在的现实情况,如何更为有效地进行操作系统课程教学改革值得深入探讨。

4 操作系统课程教学改革的几点思考

针对操作系统课程的教学改革,我们立足地方高校的实际情况,总结以下几点改革思考:

(1)问题驱动,翻转式的教学互动,引导学生学习。在操作系统课程理论知识的教授过程中,根据实际情况,设置深度探讨的问题,培养学生独立思考的能力,而非直接的灌输。在授课方式上,采用教师和学生共同讲授的模式(需选择合理的知识点供学生讲授),让学生充当教师的角色(督促学生对课程的预习),教师则以听课的方式向学生提出问题,并对其存在的知识点理解的偏差进行纠正。

(2)强化操作系统实践教学、以真实 Linux 内核为实验对象。不同于传统的数理化课程,操作系统课程更加注重应用实践,以培养学生的动手能力为主。在这方面,我们建议采用最简单的 Linux 内核为实验对象,分析操作系统的设计原理和不同模块(如存储、I/O、文件系统等)的实现细节,并逐步进行重现和优化。如此,学生才能真正地掌握操作系统的精髓。

(3)团队合作的项目式教学理念。不同于简单的应用程序,操作系统的设计和实现是一项系统性工程,强调开发团队的协作性。为满足该要求,授课老师应设置难度适当的多人合作的操作系统课程项目,在给定的时间段内完成,同时也可设置一些激励机制,提升学生积极性。建议课程开始时确定项目,中间不定期地组织学生探讨项目问题,课程结束时进行答辩验收。

(4)紧扣操作系统研究前沿,持续改进,迭代优化课程内容。操作系统课程强调应用性,授课教师需结合学生的反馈和社会的需求,设计合理的教学内容。理论方面,剔除操作系统中不再使用的内容,增加操作系统新功能作为新内容。实践方面,强调基础与实践并重,设计算法验证实验的同时也需有实际的实践实验,如操作系统内核裁剪、编译和应用。为满足操作系统课程内容的前沿性,建议授课教师为一线科研人员,乐于教学创新。

5 总结与展望

综上所述,在信息技术快速发展、新工科建设逐步推进的大背景下,操作系统课程需与时俱进,不断补充和优化知识结构,强化实验实践教学,转变课程教授方式,做到以学生为中心、以社会需求为导向,培养理论和实践过硬的学生。

在后续的操作系统课程教学改革中,我们将继续研究和探索。一方面编撰适合地方高校且知识体系新颖的操作系统教材,以效应与操作系统发展速度相当的内容更新速度。另一方面加强操作系统实践课程的建设,特别是课程项目,做到理论与实践并重,以满足新工科建设要求。此外,还将考虑嵌入式系统(如 TinyOS)与无线网络融合,强化课程交叉,做到课程间的紧耦合。

参考文献

[1] 任友群,黄荣怀. 高中信息技术课程标准修订说明[J]. 中国电化教育,2016 (12): 1-3.

[2] 钟登华. 新工科建设的内涵与行动[J]. 高等工程教育研究,2017(3):1-6.

[3] 新工科研究与实践项目指南教育部办公厅(教高厅函〔2017〕33 号)[EB/OL]. http://www. moe. edu. cn/srcsite/A08/s7056/201707/t20170703_308464. html, 2017.6.

[4] 林健. 面向未来的中国新工科建设[J]. 清华大学教育研究,2017,38(2):26-35.

[5] 陆国栋,李拓宇. 新工科建设与发展的路径思考[J]. 高等工程教育研究,2017(3):20-26.

[6] 王孙禺,赵自强,雷环. 中国工程教育认证制度的构建与完善:国际实质等效的认证制度建设十年回望[J]. 高等工程教育研究,2014(5):23-34.

[7] 黄荣怀,杨俊锋,胡永斌. 数字学习环境到智慧学习环境:学习环境的变革与趋势[J]. 开放教育研究,2012,18(1):75-84.

[8] 陈渝. 清华大学操作系统课程[EB/OL][2019-01-02]. https://chyyuu. gitbooks. io/os_course_info/.

[9] R. Cox,F. Kaashoek,R. Morris. Xv6[EB/OL][2019-03-04]. https://pdos. csail. mit. edu/6. 828/2018/xv6. html.

[10] 李志军. 哈工大操作系统实验手册[EB/OL][2019-04-06]. https://hoverwinter. gitbooks. io/hit-oslab-manual/.

[11] 王秋芬,王永新. 基于 OBE 的操作系统原理课程教学方法改革与实践[J]. 教育教学论坛,2019(12):167-168.

[12] 林峰,张泽旺,刘虹. 基于项目驱动的嵌入式操作系统课程改革与实践[J]. 计算机教育,2018(5):92-94.

[13] 朱小军,王立松. 面向系统能力培养的操作系统课程教学改革探索[J]. 计算机教育,2018(8):59-61.

基于Blackboard＋"雨课堂"的混合式教学模式*

——以"信息技术应用基础"为案例

冯小青，林　剑，王　琴

浙江财经大学，杭州，310018

fenglinda@zufe.edu.cn，linjian1001@126.com，wangqin@zufe.edu.cn

摘　要：伴随着线上线下混合模式教学改革的开展，《信息技术应用基础》以Blackboard＋"雨课堂"为载体，开展线上和线下的混合教学的具体实施案例。实现了学生通过Blackboard平台开展课前预习和课后测试，教师通过Blackboard平台上传相关的课程资料制作和对学生的学习行为轨迹和测试成绩进行有效的统计分析；教师在授课环节通过"雨课堂"活跃课堂的交互气氛。通过这些新的教学模式的改革，教师探讨了相关教学经验。

关键字：Blackboard；雨课堂；混合式教学

"信息技术应用基础"是我校面向非计算机专业开设的一门计算机类的通识课程。该课程由理论课和实践课两部分组成。理论课部分主要讲解了计算机的发展历程、人工智能、虚拟现实、大数据、云计算的基本概念；实践课部分讲授Office的高级应用（Word长文档的制作、Excel的数据统计分析、基于母版和复杂动画的PowerPoint文档制作）。

目前国内的初高中已经开始普及计算机基础课程，大部分地区的学生已经了解了计算机的整个发展历程，也能通过Word、Excel、PowerPoint对简单文档进行基础编辑。但每个地区的计算机普及程度不一致，不同地区的学生对计算机的掌握水平存在一定的差异，从而对基于传统教学模式下的高校计算机基础教学，无法达到课程的既定教学目标，因此需要采用新的教学模式来进行变革。我国教育部也于2016年发布了《关于中央部门所属高校深化教育教学改革的指导意见》，该文件建议高校采用基于在线课堂的线上线下的混合式教学新模式[1]。

---

　* 本文受2018年度全国教育信息技术研究课题（项目编号：186130034）、浙江省高等教育十三五第一批教学改革研究项目（项目编号：jg20180199）和浙江财经大学重点招标教学改革研究项目（项目编号：JK201804）资助。

混合式教学是融合了传统和在线教学方式优势的一种新的教学模式。该教学模式既充分发挥教师在整个教学过程的引导、启发的作用，又让学生的积极性、主动性与创造性能在学习过程中得到充分体现[2]。

美国的心理学家布鲁姆提出了教学目标分类理论，它将教学目标分为知识、情感、动作技能等三个维度，其中认知又分为：记忆、理解、应用、分析、评价、创造等6个层次[3]。为了更好地确定教学目标，"信息技术应用基础"采用 Blackboard＋"雨课堂"进行混合式教学模式设计。

1 Blackboard 简介

Blackboard(简称 BB)倡导的以"课程"为中心，"学生"为主导，通过在线课堂的形式为学生和教师提供一个较好的网络虚拟教学平台。教师通过 BB 平台进行相关的在线课程建设，学生通过 BB 平台选择在线课程进行学习和测试，同时该平台还为师生提供了在线的讨论、交流功能。BB 平台还能有效提供课程管理功能，能进行在线测试和课程统计功能。教师可以在 BB 平台上构建题库，设置多种题型(判断题、单选题、多选题、填空题)，并让 BB 平台实现自动阅卷和评分。课程统计功能主要实现学生成绩的统计汇总，并对学生的学习特征(对平台的访问率、观看视频的时间、交流发言等)进行统计分析。

2 雨课堂简介

"雨课堂"是一款基于 PPT 插件的智慧教学工具，能实现 PowerPoint 和微信的互动，教师和学生的课程互动。学生能通过"雨课堂"实现实时答题、弹幕互动，有效提升传统课堂的教学互动效果[4]。同时该软件内置1万多个全国名校的 MOOC 视频，为学生提供海量的学习资源。

3 基于 BB 平台＋"雨课堂"的混合式教学模式

混合式教学模式有效融合了传统的线下教学模式和线上的网络学习方式。我校的"信息技术应用基础"课程的混合教学采用如图1所示的教学模式。

课前环节：教师通过 BB 平台上传课程简介、教学目标、教学大纲、教学 PPT 课件、教学内容微视频、课后习题练习题与在线测试题。学生进入 BB 平台查看相关课程信息，并通过微视频进行课前预习。在学生的课前的预习环节，学生通过平台进行相关课程的微视频的观看,平台就会自动记录学生的学习动作(如:开始、退出、快进、暂停、快退、循环等),从而形成有效的行为轨迹。教师通过统计分析学生的行为轨迹,提取学生的学习特征(学习习惯、知识的掌握度),得到有效的学习反馈,并根据学生的反馈信息及时对教学内容和教学进度进行调整。

授课环节:教师通过微信扫描登陆"雨课堂"创建的课程,并实时生成课堂的二维码;学生扫描课堂二维码登陆实时的在线课堂,该登陆模式可以对学生实现快速点名的效果;同时学生在自己的手机端能实时同步接受教师的授课课件。通过"雨课堂",学生可以实时完成在线答题、重点难点的投票、弹幕互动、匿名或实名提问等,活跃课堂气氛;老师则能实时接收到学生的反馈信息,及时对教学进度进行调整。

课后环节:学生通过 BB 平台进行课后习题的"在线测试",习题题型包括单选、填空、判断。平台可以对测试实现自动评分,从而极大地缩减了教师批改作业的时间。同时根据实际需求,把每个章节的习题设置成"练习模式",在该模式下,学生做习题的次数和时间不再受限制,可以实现多次反复练习。

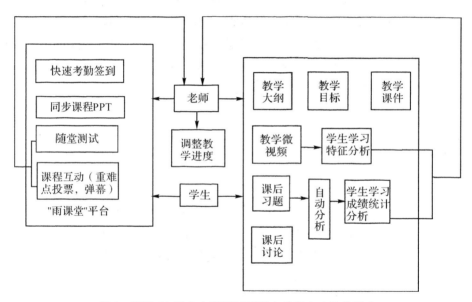

图 1　基于 BB 平台＋"雨课堂"平台的混合式教学模式

4 结 论

基于 BB 平台＋"雨课堂"的"信息技术应用基础"课程教学模式为计算机基础教学改革注入了新的元素。它利用先进的信息技术,使传统的教与学不再受时间和地点的限制,也极大地活跃了课堂氛围。实践证明,基于 BB 平台＋"雨课堂"的这种线上线下的混合教学新模式确实全面提升了教学效果。但由于在课堂上,学生需要通过手机进行"雨课堂"的登陆与互动,所以在具体实施该教学模式时需要加强引导学生对手机的使用。

参考文献

[1] 教育部.关于中央部门所属高校深化教育教学改革的指导意见[EB/OL][2016-07-04]. https://wenku.baidu.com/view/a2b18103102de2bd97058871.html.

[2] 何克抗.从 blending learning 看教育技术理论的新发展(上)[J].现代教育技术,2004 (3):7-8.

[3] 夏瑞庆.课程与教学论[M].合肥:安徽大学出版社,2002.

[4] 百度百科,https://baike.baidu.com/item/雨课堂/19780063? fr＝aladdin.

财经院校非计算机专业"Python 程序设计"课程建设与实践*

林　剑，冯小青

浙江财经大学，杭州，310018

linjian1001@126.com，fenglinda@zufe.edu.cn

摘　要：信息素养能力培养是财经院校非计算机专业人才培养的重要方面。作为全校性公共计算机核心基础课程，"Python 程序设计"课程的开设符合财经类院校通识教育课程体系建设中对于科学精神与技术进步模块的定位，也符合国家和浙江省大力发展大数据和人工智能技术的战略大背景。本文结合财经类院校人才培养目标和专业特点，基于课程内容设置和教学模式改革与实践等视角，介绍了我校"Python 程序设计"课程的建设与实践情况，有助于进一步明确财经院校计算机公共基础课的建设路径与方向。

关键词：Python 程序设计；课程建设；财经院校

1　引　言

随着人工智能、大数据、云计算等技术的不断发展，其在金融领域的应用也已得到社会的广泛关注。2017 年 7 月，国务院发布的《新一代人工智能发展规划》[1]中明确提出将金融列为人工智能应用试点示范的重点行业之一，将智能金融作为推进产业智能化升级的重要任务，并明确提出了建立金融大数据系统、创新智能金融服务、加强金融风险智能预警防控等具体措施。可见，推进人工智能在金融领域的应用和发展已是国家战略部署中的重要内容。财经院校的专业设置以经管类为主，包括了财会、金融、税务、管理等相关专业，而如何在新时期实现新金融形势下高素质人才培养目标是财经类高校面临的新挑战。

---

* 本文受浙江省高等教育十三五第一批教学改革研究项目(项目编号：jg20180199)和浙江财经大学重点招标教学改革研究项目(项目编号：1J079018031)资助。

Python 被认为是数据科学中最流行的程序设计语言之一,具有易理解、可靠性高、拥有海量大数据开发库等特点,已被用于编写大部分企业中的大数据和云计算应用。IEEE 发布的最新研究报告显示,2017 年 Python 已成为世界上最受欢迎的语言。此外,2015 年举行的第六届全国计算机等级考试考委会会议确定了《全国计算机等级考试调整方案》,其中明确提出要新增"Python 语言程序设计"二级考试科目,并将于 2018 年 9 月首次开考。

我校自 2018 年开始计算机公共基础课程综合改革[2],并将"Python 程序设计"课程作为全校性计算机公共课程体系中的核心课程,授课对象覆盖我校几乎所有非计算机类专业学生,涉及人数约 2200 余人,受益面较广。目前该课程在大一第二学期开设,共设置 64 学时,其中理论和实践分别为 32 学时,共计 3 学分。课程重在培养学生的实践能力,引导学生实现问题求解思维方式的转换,实现学生计算思维能力的培养,进一步完善学生知识结构,促进学生在专业领域更好地发展。因此,课程的开设也符合学校"强基础、宽口径"的人才培养目标,有助于学生创新精神和创新意识的培养,对于学生综合素质和应用能力的提高具有重要作用。下面将从课程内容设计、教学模式改革、实践能力培养等方面进行介绍。

2 课程教学内容设计

"Python 程序设计"在课程内容上,设置了基础语法、进阶内容和综合应用三个知识模块,具体如表 1 所示。通过这三个模块学习使学生分别具备以下三方面的能力:

(1)掌握 Python 语言基础语法,并能进行初步的数据处理与分析;

(2)具备采用 Python 开发简单应用软件解决实际问题的能力;

(3)掌握利用 Python 进行网络爬虫,进而获取 Web 页面数据的能力。

表 1　课程知识模块设置

知识模块	课程内容简介	学时(理论+实验)
基础语法	开发环境与操作	2+0
	数据类型与表达	6+6
	数据输入与输出	2+2
	程序控制与结构	6+6
	函数定义与使用	2+2
进阶内容	模块创建与使用	2+2
	类、对象与方法	2+2
	异常处理	2+2
	文件处理	2+2

续表

知识模块	课程内容简介	学时（理论＋实验）
综合应用	GUI 编程	4＋4
	网络爬虫基础与应用	2＋4

此外，考虑到"Python 程序设计"课程"强思维、重实践"的特点，教师需在课堂教学中设计不同的问题实例以提升学生学习兴趣。因此，在满足我校专业特色和信息素养培养需求的基础上，该课程采用"横向聚焦、纵向关联"的实例内容设计思想，在不同知识模块中都融入了聚焦专业特色的不同实例，且同一实例在不同知识模块中也存在一定关联性。以财会类专业为例，我们设置了与专业相关的课堂教学实例，如"银行贷款计算器""银行复利计算""金融网站新闻爬虫实践"等。比如"银行贷款计算器"实例，主要讲解如何计算不同贷款方式下的利息总额和月还款额，我们在"基础语法"模块中的"函数定义与使用"部分，通过介绍某一贷款方式下如何采用 Python 编程计算相应利息总额和月还款额，并以此为例讲解函数的定义和调用等知识点；在此基础上，在"进阶内容"模块中的"模块创建与使用"和"类、对象与方法"部分介绍如何将利息总额和月还款额计算功能封装为模块和类，并在此过程中讲解模块的创建与使用、类的定义与使用、异常捕捉与处理等相关知识点；最后在"综合应用"模块中的"GUI 编程"部分介绍如何开发面向用户的"银行贷款计算器"可视化界面，并讲解 GUI 编程中常见控件的使用、事件的定义和调用等知识点。通过在不同知识模块对同一实例从不同层面进行讲解，学生不断深入问题本质，符合循序渐进的知识演化和学习规律。

3　课程教学模式改革与实践

财经院校非计算机专业学生存在计算机基础知识参差不齐和学习热情不高的问题，因此迫切需要实施针对"Python 程序设计"课程的教学模式改革。该课程在教学实践过程中采用以专业为导向的分层教学、以"知识模块化、训练项目化"思路为导向的实践教学等方法和手段，实现学生信息素养培养、计算思维能力培养和专业特色培养等目标。在此基础上，教师以课程组随机听课、学评教、研讨会等形式，通过对课程改革实施情况进行评价总结，进而提出改进建议与措施，实现有效的课程教学绩效反馈机制，进一步指导课程教学模式改革方向。课程教学模式改革与实践路径框架如图 1 所示。

3.1　以专业为导向的分层教学

考虑到不同专业学生的计算机基础和专业培养目标不同，"Python 程序设计"课程在教学过程中结合以专业为导向的分层教学方法[3]，一方面在课程教学中更多地介绍 Python 在专业领域中的应用案例，另一方面结合专业特点，综合考虑学生的计算机基础和

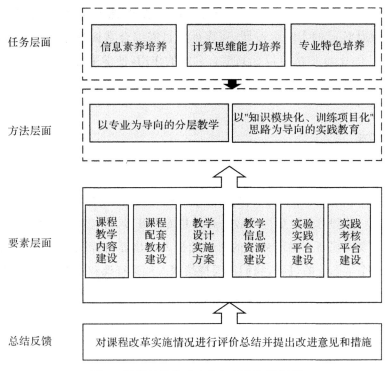

图1　课程教学模式改革与实践路径框架

专业培养目标。

　　以表1中所示的"综合应用"模块中的"网络爬虫基础与应用"内容为例,我们在教学过程中结合不同专业设计了不同的爬虫大作业,如针对财会类专业,爬虫实践题目为"抓取＊＊＊网站下的股票—公司研究目录",学生学生抓取相应信息对此进行数据分析;针对管理类专业,爬虫实践题目为"抓取学校图书馆图书检索目录",通过获取图书文献目录并进行简单的数据处理;而针对人文类专业,爬虫实践题目则为"实现向＊＊＊翻译网站提交POST表单实现自动翻译的程序",学生需实现将键盘输入的汉语句子翻译成英语并输出。结合专业背景相关的综合实践练习,一方面可以培养学生的学习兴趣,另一方面也有助于实现对于学生的专业特色培养目标。

3.2　以"知识模块化、训练项目化"思路为导向的实践教学

　　采用"知识点—练习题"的"点到点"教学模式,即通过学习某一知识点完成某一上机练习题,这种方式虽然可使学生较快地掌握Python有关知识点,但是缺乏系统性,导致学生在解决实际问题时存在一定困难。在编程语言类课程中,基于项目化训练的实践教学方法研究早已得到了广泛的关注与应用[4]。因此,该课程采用"知识模块化,实践项目化"的"面到面"课程实践教学方法。教师采用基于知识构建的模块化教学,通过以问题为导向的实践案例设计,实现由点到面的计算思维培养。

如在表 1 所示"基础语法"模块中的"程序控制与结构"课程内容中,我们设计了"用蒙特卡罗方法计算圆周率 π"的实践练习题,完成该题目需综合掌握顺序、选择和循环等程序控制结构。这对于 Python 语法可以起到综合训练的作用,使学生更系统地掌握 Python 编程语言,培养学生用 Python 解决实际问题的能力。

4 结 语

本文从课程内容建设和教学模式改革两个视角,介绍了我校"Python 程序设计"课程的建设与实践情况。课程目前已面向全校非计算机专业开设,并受到了学生的广泛欢迎,教学效果较好。但是要实现新金融形势下的财经院校人才培养目标仍任重道远,计算机基础课程建设必将是一个常态化的过程,我们需要持续深入地进行课程改革和实践,提升课程建设的质量与内涵。

参考文献

[1] 轶名.新一代人工智能发展规划[EB/OL].[2019-6-8].http://www.gov.cn/zhengce/content/2017-07/20/content_5211996.htm.

[2] 林剑.多维任务驱动下财经类院校计算机基础课程改革与实践研究[C]// 计算机教学研究与实践 2018 学术年会论文集.杭州:浙江大学出版社,2018:100-106.

[3] 王移芝,鲁凌云,周围.以计算思维为航标拓展计算机基础课程改革的新思路[J].中国大学教学,2012(6):39-41.

[4] 王晓勇,肖四友,张文祥.基于能力培养的 C 语言项目化训练教学模式初探[J].计算机教育,2009(10):60-62.

MIS 软件工程总体设计与课程实践的探讨

王竹云

浙江财经大学，杭州，310018

wangzhuyun@tom.com

摘　要：MIS（管理信息系统）软件工程总体设计是软件工程的基础和关键，本文基于多年的项目开发工作实践，分析了系统设计在软件工程中的地位，加强实践课教学指导力度的必要性，而后结合工作实际，探讨了总体设计过程中需要完成的工作内容，最后研究分析了体系结构设计的方法和思想。全文从实践到理论，最后又回到实践，相信对从事相关性工作的同行有着一定的参考价值和借鉴意义。

关键词：管理信息系统；软件工程；总体设计；体系结构；实践课教学

1　引　言

MIS 软件工程总体设计是一个非常重要的阶段，该阶段包括如何设计软件的体系结构，如何设计软件结构，如何进行数据库的设计，如何进行应用模型的分析与设计。这些内容是 MIS 软件工程总体设计包含的基本内容，是管理信息系统软件工程的基础和关键。

在完成了系统分析之后，为了实现软件需求规格说明书的要求，必须将用户需求转化为计算机系统的逻辑定义，即所谓系统设计。人们把设计定义为应用各种技术和原理，对设备、过程或系统做出足够详细的定义，使之能够在物理上得以实现。系统设计与其他领域的工程设计一样，具有其独特的方法、策略和理论。系统设计是整个研究工作的核心，不但要完成逻辑模型所规定的任务，而且要使所设计的系统达到优化。如何选择最优的方案，这是设计人员和用户共同关心的问题。

进入了设计阶段，要把软件"做什么"的逻辑模型变换为"怎么做"的物理模型，通过这个阶段的工作将划分出组成系统的物理元素——程序、文件、数据库、人工过程和文档等。即着手实现软件的需求，并将设计的结果反映在"设计说明书"文档中，所以系统设计是把前期工程中的软件需求转换为软件表示的过程，首先寻找实现目标系统的各种不同方案，需求分析阶段的数据流图是设想各种可能方案的基础。然后分析员从这些供选择的方案中选取若干合理的方案,为每个合理的方案都要准备一份系统流程图,列出组成系统的所有物理元素,进行成本/效益分析,并且制定实现这个方案的进度计划。[1]分析员应该综合分析比较这些合理的方案,从中选取一个最佳方案向用户和使用部门负责人推荐。最初这种表示只是描述软件的总体结构,称为总体设计。

2 MIS 系统设计在软件开发中的位置

定义了软件开发需求之后,就进入了狭义的系统开发阶段。狭义的开发阶段由三个互相关联的步骤组成:设计、实现(编码)和测试。实质上,系统设计到系统实现的各个阶段都是按某种方式进行信息变换,最后得到有效的计算机软件。

在系统需求分析阶段解决了系统"做什么"的问题,并在软件需求规格说明书中详尽和充分地阐明这些需求。接下来就是要着手实现系统需求,即要着手解决"怎么做"的问题,这就是系统设计的总目标。设计步骤根据数据域需求和功能域及性能需求,采用某种设计方法进行系统结构设计、数据库设计(或数据设计)、详细设计(或称过程设计)、界面设计等。系统设计定义软件系统各主要成分之间的关系;数据设计侧重于数据结构的定义,详细设计则是把结构成分转换成软件的过程性描述;界面设计侧重于与用户交互的界面的设计,包括输入、输出、存储、显示等各类界面的风格和策略的确定。在编码步骤中,根据这种过程性描述,生成源程序代码,然后通过测试最终得到完整有效的软件。

3 加强实践课教学的指导力度

上机实验是 MIS 课程的一项重要的教学环节,它是培养学生动手能力、独立分析解决问题的能力、创新实践能力和理论联系实际能力的重要途径之一。如果这门课程没有实践环节,学生也不能真正地学好这门课程。为此,教师精心编制设计了 8 个实验项目。实验内容需要 36 上机机时,其中 18 机时为教学计划安排的实验课时,学生需在课外额外补充上机时间以完成实验作业。实验项目如表 1 所示。

表 1 实验项目一览表

序号	实验项目名称	项目类型	实验课时	必做/选做
实验一	问题定义	设计性	2	
实验二	可行性分析	设计性	4	
实验三	需求分析	设计性	2	
实验四	总体设计	设计性	6	必做
实验五	详细设计	设计性	8	
实验六	程序设计与单元测试	操作性	6	
实验七	集成测试	综合性	4	
实验八	运行与维护	综合性	4	

另一方面,上实验课时,有些教师的做法是,实验课前,先布置要做的实验,要求学生课前认真准备实验内容。这样,上机操作能有针对性地解决实际问题,在实验课时可以大大地提高上机效率。在实验课时,学生是信息加工的主体,是知识的主动建构者,机房的学习环境又有利于同学之间的相互交流和学习,将封闭学习转换成开放学习,教师也能有的放矢地对学生进行个别指导和交流,实验课结束时,将所做的实验结果上传到服务器,以便教师及时阅读、批改。实验课后学生书写实验报告并及时提交,教师可以根据实验报告批阅的情况,下次理论课时上课前及时进行一次评讲,以达到很好的教学效果。

4 总体设计过程中需要完成的工作

4.1 制定规范

制定规范:代码体系、接口规约、命名规则。这是项目小组今后共同协作的基础,有了开发规范和程序模块之间和项目组成员彼此之间的接口规约、方式方法,大家就有了共同的工作语言、共同的工作平台,使整个软件开发工作可以协调有序地进行。

在进入软件开发阶段之初,首先应为软件开发制定在设计时应该共同遵守的标准,以便协调组内成员的工作。它包括以下几点。

(1)阅读和理解软件需求说明书,在给定预算范围内和技术现状下,确认用户的要求能否实现。若能实现需要明确实现的条件,从而确定设计目标,以及它们的优先顺序。

(2)根据目标确定最合适的设计方法。

(3)确定设计文档的编制标准,包括文档体系、用纸及样式、记述的详细程度、图形的画法等。

(4)通过代码设计确定代码体系,以及硬件、操作系统的接口规约,命名规则等。

4.2 软件结构设计

为确定软件结构,首先需要从实现角度把复杂的功能进一步分解。分析员结合算法描述仔细分析数据流图中的每一个处理,如果某一个处理的功能过分复杂,必须把它的功能适当地分解成一系列比较简单的功能。

功能分解导致数据流图的进一步细化,同时还应该用 IPO 图或其他适当的工具简要描述细化后每一个处理的算法。

通常程序中的一个模块完成一个适当的子功能。应该把模块组织成良好的层次系统,顶层模块调用它的下层模块以实现程序的完整功能,每个下层模块再调用更下层的模块,从而完成程序的下一个子功能,最下层的模块完成最具体的功能。[2]

在需求分析阶段,已经从系统开发的角度出发,使系统按功能逐次分割成层次结构,使每一部分完成简单的功能且各个部分之间又保持一定的联系,这就是功能设计。在设计阶段,基于这个功能的层次结构把各个部分组合起来成为系统。它包括以下几点。

(1)采用某种设计方法,将一个复杂的系统按功能划分成模块的层次结构。

(2)确定每个模块的功能,建立与已经确定的软件需求的对应关系。

(3)确定模块间的调用关系。

(4)确定模块间的接口,即模块间传递的信息。设计接口的信息结构。

4.3 数据库设计

确定软件涉及的文件系统的结构以及数据库的模式、子模式,进行数据完整性和安全性的设计。它包括以下几点。

(1)详细的数据结构:表、索引、文件。

(2)确定输入、输出文件的详细的数据结构。

(3)结合算法设计,确定算法所必需的逻辑数据结构及其操作。

(4)上述操作的程序模块说明(在前台、在后台、用视图、用过程等)。

(5)确定对逻辑数据结构所必需的那些操作的程序模块,限制和确定各个数据设计决策的影响范围。

(6)若需要与操作系统或调度程序接口所必需的控制表等数据时,确定其详细的数据结构和使用规则。

(7)数据的保护性设计,主要包括以下几点。

①防卫性设计。在软件设计中插入自动检错,报错和纠错的功能。

②一致性设计。有两方面:其一是保证软件运行过程中所使用的数据的类型和取值范围不变;其二是在并发处理过程中使用封锁和解封锁机制保持数据不被破坏。

(8)其他性能设计。

5 体系结构设计

5.1 概 述

系统设计要求满足三个基本条件,即加强系统的实用性、降低系统开发和应用的成本、提高系统的生命周期。因此,要改进软件的设计方法,使得在系统设计过程中产生的错误能及时得到更正。

设计方法采用结构化分析和设计原理,其中最有用的理论就是模块理论及其有关的特征,例如内聚性和耦合性。一般而言,系统设计首先应根据系统研制的目标,确定系统必须具备的空间操作功能,称为功能设计;其次是数据分类和编码,完成数据的存储和管理,最后是系统的建模和产品的输出,称为应用设计。

5.2 总体设计的目标

总体设计的目标是建立一个优化的系统。一个优化的系统必须具有运行效率高、可变性强、控制性能好等特点。所以,应该在设计的早期阶段尽量对软件结构进行精化,可以导出不同的软件结构,然后对它们进行评价和比较,力求得到"最好"的结果。这种优化是把软件结构和过程分开的真正优点之一。

对于时间是决定性因素的应用场合,可能有必要在详细设计阶段进行优化,也可能在编写程序的过程中进行优化。用下述方法对时间起决定性作用的软件进行优化是合理的。[3]

(1)在不考虑时间因素的前提下开发精化软件结构;

(2)在详细设计阶段选出最耗费时间的那些模块,仔细地设计它们的处理过程,以求提高效率;

(3)使用高级程序设计语言编写程序;

(4)在软件中孤立出那些大量占用处理机资源的模块;

(5)必要时重新设计或用依赖于机器的语言重写上述大量占用资源的模块的代码,以求提高效率。

上述优化方法遵守一句格言:"先使它能工作,然后再使它快起来。"

要提高系统的运行效率,并尽量采用经优化的数据处理算法。为了提高系统的可变性,最有效的方法是采用模块化的结构设计方法,即先将整个系统看成一个模块,然后按功能逐步分解为若干个第一层模块、第二层模块等。一个模块只执行一种功能,一种功能只用一种模块来实现,这样设计出来的系统才能做到可变性好和具有生命力。为增强系统的控制能力,在输入数据时,要拟定对数字和字符出错时的检验方法;在使用数据文件时,要设置口令,防止数据泄密和被非法修改,保证只能通过特定的通道存取数据。

总体设计要根据系统研制的目标来规划系统的规模和确定系统的各个组成部分,并说明它们在整个系统中的作用与相互关系,以及确定的硬件的配置,规定系统采用的合适技术规范,以保证系统整体目标的实现。

5.3　总体设计的步骤

由系统设计人员来设计,就是根据若干规定和需求,设计出功能符合需要的系统。一个最基本的模型框架一般由数据输入、数据输出、数据管理、空间分析四部分组成。但随具体开发项目的不同而不同,在系统环境、控制结构和内容设计等方面都有很大的差异,因此,设计人员开发时须遵循正确的步骤。[4]

(1)根据用户需要,确定系统工程要做哪些工作,形成系统的逻辑模型。

(2)将系统分解为一组模块,各个模块分别满足所提出的需求。

(3)将系统分解出来的模块,按照是否能满足正常的需求进行分类。对不能满足正常需求的模块需进一步调查研究,以确定是否能有效地进行开发。

(4)制定工作计划,开发有关的模块,并对各个模块进行一致性的测试,以及系统的最后运行。

(5)计算机物理系统配置方案设计。

在进行总体设计时,还要进行计算机物理系统具体配置方案的设计,要解决计算机软硬件系统的配置、通信网络系统的配置、机房设备的配置等问题。计算机物理系统具体配置方案要经过用户单位和领导部门的同意才可实施。

开发 MIS 的大量经验教训说明,选择计算机软硬件设备不能光看广告或资料介绍,必须进行充分的调查研究,最好向使用过该软硬件设备的单位了解运行情况及优缺点,并征求有关专家的意见,然后进行论证,最后写出计算机物理系统配置方案报告。

从我国的实际情况看,不少单位是先买计算机然后决定开发。这种不科学的、盲目的做法是不可取的,它会造成极大浪费。因为,计算机更新换代非常快,就算是在开发初期和在开发的中后期系统实施阶段购买计算机设备,价格差别也会很大。因此,在开发 MIS 过程中应在系统设计的总体设计阶段才具体设计计算机物理系统的配置方案。

6　结束语

管理信息系统按照软件工程的软件生命周期的三个时期八个阶段,开展 MIS 项目系统的各个阶段的工作,有效地进行软件总体设计,将软件系统需求转换为未来系统的设计,逐步开发出强大的系统构架,使设计适合于实施环境,提高了性能需求。对后续的开发、测试、实施、维护工作起到关键性的影响。

参考文献

[1] 张海藩.软件工程导论[M].北京:清华大学出版社,2013.

[2] 郑人杰.实用软件工程[M].北京:清华大学出版社,2014.

[3] 杜栋.信息管理学教程[M].北京:清华大学出版社,2015.

[4] 苑隆寅.管理信息系统[M].上海:上海交通大学出版社,2017.

以数据分析为导向的 Access 课程教学方法研究

吴红梅,钟晴江,谢红霞

浙江大学城市学院,杭州,310015

wuhm@zucc.edu.cn

摘　要:本文以独特的视角介绍了围绕数据分析的 Access 数据库课程建设的教学方法;通过案例教学激发学生的学习兴趣;用任务驱动的教学模式培养学生的独立解决问题的能力和综合应用能力,并取得了较好的教学效果。

关键词: Access;数据库应用;教学方法

1　引　言

"Access 数据库应用"这门课是我校除理工科类专业外,传媒学院、法学院等专业开设的计算机公共基础课程,对学生来说是非常实用的课程,教授这门课的目的是使学生能够通过掌握 Access 技术进行数据处理和数据分析,而不是仅仅局限于习惯使用的 Excel 工作表进行数据处理。无论他们所学专业是什么,无论将来他们的工作是什么,计算机技术以及数据分析技术可以作为数据处理工具使他们将来的工作效率成倍增长。

2　数据分析导向的必要性

"大数据"时代已经降临,在商业、经济及其他领域中,决策的产生将日益取决于数据分析,而非基于经验和直觉了。"数据"是一种重要的资源,数据中蕴含着无尽的能量。掌握基本的数据搜集、整理、分析和处理技术是时代的需求。Access 数据库应用课程就是讲授如何组织和存储数据,如何高效地处理、分析和理解数据。

整理和展示数据的方法不止一种。企业和政府部门每年都要对大量的数据进行分析,由于 Office 的普及,一般人们习惯于使用传统的表格工具 Excel 来输入数值并做一些计算、汇总;同时因为 Excel 能够快速完成交互式分析而被许多人认为是数据分析的首选平台。但是,Excel 缺乏分析过程的透明度,不能实现数据与展示的分离,难以分析大规模的数据集,这些缺陷随着未来数据量的增长而越发明显,Access 则避免了 Excel 的这些不足之处。表 1 通过举例简单说明,两者的差异。

表 1　员工信息

员工姓名	所属部门	部门领导	部门领导电话	所属分公司	公司领导	地址
汪静远	人力资源部	高大伟	15854455666	北京分公司	罗天伟	北京××路××号
朱超	项目实施部	石磊	13854455666	安徽分公司	黄世元	合肥××路××号
王强	项目实施部	石磊	13954455666	安徽分公司	黄世元	合肥××路××号
黄旺男	项目实施部	王袭穿	13754455666	重庆分公司	邹坤	重庆××路××号

人们在使用 Excel 处理基础数据时习惯于就事论事,例如,某总公司的人事部门为了管理员工用 Excel 制作了一个表格。但是当频繁地进行一些操作的时候,比如添加新员工、更新部门领导电话、更新部门领导、更新公司领导、更新多个员工所属的分公司、撤换部门等,特别当员工数量超过 200 人时,操作起来会非常烦琐,而且容易出现数据差错、数据不一致等情况;Access 不仅可以避免这些情况,而且可以进行更加灵活、高级的数据分析。

Access 的数据分析过程包含如下四个基本动作:采集、转换、分析和展示。第一步的需求分析和建立实体联系图,就是详细调查现实世界要处理的对象、明确用户的各种需求,把所有的数据及其之间的关系以一个最合理的逻辑统一地组织起来,为后面的数据分析打下坚实的基础。针对以上例子梳理出系统的实体联系方式如图 1 所示。

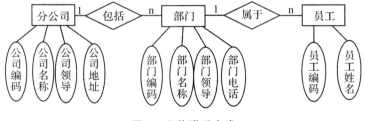

图 1　实体联系方式

Access 还有一个核心利器——SQL 语句,不仅可以灵活地进行计算、统计、汇总、各种数据分析,而且加载速度比逐条加载的 Excel 快,通过 SQL 语句可以快速处理表中的 Access 数据。

3　围绕数据分析的教学方法

为了实现本课程的教学目的,加强基础学习,全面提高学生的独立思考能力和应用能力,我们注重对教学过程的管理,开展多种形式的教学方法。

3.1 案例教学,激发兴趣

本课程知识点多、概念和术语多、内容抽象,自有一套理论体系,所以学生一开始接触这门课程会感到理解困难,同时本课程既强调掌握理论又需要大量实践,所以一个恰当的案例对于教学十分重要。

在整个教学过程中,教师通过一个贴近于生活的典型案例"教学管理系统"贯穿整个Access课程的教学中,把已有案例解剖为一个个知识点,化整为零,相应地把课程内容分为若干主题。在每个主题的教学过程中,以案例为驱动讲解解剖每个知识点。将课程的主要知识点和主要应用技术包含在案例中展开,以便学生学完后能够对数据库管理系统的思想有一个完整的了解,如图2所示。在案例分析过程中,突出数据分析的重要性,引导学生建立起针对具体问题的数据分析思路,从数据分析的启动到数据分析的呈现有一个清晰完整的认识。课后,学生复习、思考、完成作业及上机练习,在实践中掌握知识、培养能力。此外,我们重视师生间的交流互动。例如,在授课过程中穿插提问或者讨论,请学生操作演示,活跃课堂气氛,以更好地达到师生间的互动。

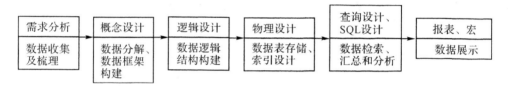

图2 教学管理系统知识点分解及数据处理流程图

同时,在案例教学过程中,选择部分知识点进行翻转课堂教学,并配合使用本课程的SPOC教学资源,以达到比较好的教学效果。

3.2 任务驱动,强化应用

"任务驱动"教学法是以学生为中心、以任务为驱动的教学模式。它注重实践,与本课程的教学要求非常相符[1]。

课程开始以后,教师即为学生设立一个贯穿一个学期的大作业任务,任务中包含若干有延续性的连贯的子任务,从建立数据库、建表、建查询,到宏、功能菜单的建立,学生以小组协作形式完成任务、目的是希望学生通过一个学期的努力,能建立一个小型的完整的数据库应用系统。

任务抛出以前,学生根据不同专业按三到五人一组进行分组,学生以小组形式结合专业特点自主选择感兴趣的实验题材,例如:法学院的学生选择的题目可以是律师事务所案件管理,广告学院的学生选择的题目可以是广告比赛数据管理等等;以团队形式展开,不设标准答案,但设定基本要求,要求中包含所学过的知识点。学生按照系统开发的步骤,从需求分析、概念设计、逻辑设计、建表、查询、窗体等各环节进行实践并在完成后撰写一份课程设计报告。这个任务规定从第 2 周开始组队和选题,第 4 周开始确认题目并检查各组的实体联系图和关系模型,第 6 周开始检查各组的基本表及关系的建立和数据的导入情况,第 9 周开始检查系统中数据的统计、汇总、查询功能,最后一周小组汇报答辩及评价,任务的实现过程和一个学期的课程学习的节奏基本同步。

一个系统的数据分析的基础是需求分析和概念设计,当学生在完成这个阶段的任务时,教师可以以小组汇报的形式检查大作业设计的合理性,反复商讨修改,如果这一阶段没有做好,后续就会给数据分析带来很多麻烦。

任务驱动的学习方式既培养了学生的综合能力、独立解决问题的能力,也使学生在分析、设计、完成具体应用系统的开发过程中对数据库的设计与数据分析有系统的理解,在实践中掌握了知识,也培养了学生的团队合作精神。

4 结 语

教学改革是内容和手段的有机结合,教学设计做得好不好只有用教学实践来检验。

本课程基于应用型能力的培养为主线,通过案例教学法和任务驱动法一系列的改革举措,让学生不只是纸上谈兵,计算机动手操作能力明显提高,真正学会了灵活运用所学知识解决实际问题,也有效提高了课程教学质量与学生学习效率,促进了应用型能力人才的培养。

参考文献

[1] 谢红霞. 基于多级任务驱动的 ACCESS 数据库应用课堂教学改革探讨[J]. 计算机教育,2018(6):57-60.

分层次模块化计算机公共基础课程体系的构建与实施

钟晴江,吴红梅

浙江大学城市学院,杭州,310015

zhongqj@zucc.edu.cn,wuhm@zucc.edu.cn

摘　要:本文提出了一个分层次、模块化的计算机公共基础课程体系方案。每个课程层次都由一个核心基础模块和多个应用模块组成,以搭配出多样化的课程系列,解决了计算机基础教学内容杂而散、不能及时融入前沿技术、与学生所学专业融合性差所面临的困境。本文围绕该课程体系,对如何开展新型"互联网＋教学"的课堂教学改革,强化学生计算思维训练和实践应用能力的培养进行了深入探讨。

关键词:计算机基础;课程体系;分层次课程;模块化课程;互联网＋教学

1　背景及解决的主要教学问题

多年来,高校计算机公共基础课程教学目标庞杂、教学内容零散且相对陈旧,无法跟上新技术的迅猛发展。无视不同学科和专业对计算机基础课程的知识结构的不同需求,仍采用统一的、单调的课程设置,学生几乎没有选课自主权利,学生缺乏在专业领域利用计算机进行研究和创新的能力。课程与学科、专业融合性较差,故而学生的学习兴趣不高[1]。

科学合理地构建课程体系及高质量的课程内容,改进教学方法,改善信息时代大学生的知识体系和应用能力,提升学生的学习兴趣,是计算机公共基础教学改革的重要任务。

自 2013 年起,我校计算机公共基础教学团队积极探索以计算思维培养为目标的计算机公共基础教学改革与实践,根据学生的计算机能力和专业特点着力打造分层次、模块化课程体系,重点加强学生使用计算机解决专业问题的基本思维和方法,满足了学校现阶段学科专业发展需求和办学特色需求。在教学过程中,教学团队大力开展"互联网＋教学"混合式教学,充分利用互联网,拓展学习空间,丰富学习资源,改善学习氛围,教学发生可喜变化,公共基础课的教学效果明显提高。

2 课程体系实施方案

分层次模块化课程体系首先分为两个层次:多模块基础课程群和多模块应用课程群。每一层次又按照"1核心模块＋n应用模块"方式实施多种搭配,形成以核心模块为主线的系列课程,为不同学科的学生提供符合自身专业特点的最佳课程方案。学生只需在每个层次上各选择1门课程进行学习,每课皆为3学分,共计6个学分。

2.1 第一层次:多模块基础课程群

该层次属于计算机类通识课程。采用"1核心模块＋n应用模块"进行组合。其中"大学计算机基础"是核心模块,为必选项,主要教学内容有计算机基础知识、计算与计算思维。而应用模块为多种选项,属于计算机通用技术的应用,学生可以多选一。具体有:AOA模块(即办公软件Office的高级应用);移动应用开发(通过学习AppInventor系统来开发手机应用);Excel数据分析(侧重于数据的管理、处理和分析);Access数据库(学习如何用数据库来组织和管理数据)。如此便搭配出第一层次系列课程群:

(1)大学计算机基础＋AOA;

(2)大学计算机基础＋移动应用开发;

(3)大学计算机基础＋Excel数据分析;

(4)大学计算机基础＋Access数据库。

这一课程架构既注重理论知识的学习,也强调思想方法和应用能力的培养。

2.2 第二层次:多模块应用课程群

该层次属于大类基础课程。主要内容是程序设计思想和方法的训练,充分利用Python丰富的计算生态特征,开设Python应用系列课程[2]。同样采取"1核心模块＋n应用模块"的方式进行搭配,以Python通用的基础编程为核心模块,再根据学科不同需求,衍生多种专业应用模块,学生可按照学科进行选择(或根据兴趣自主选择),具体如下:

(1)Python程序设计基础与实验:除核心基础编程以外,增加图形、文字等处理算法,适合学生参加全国或浙江省计算机二级考试。适合我校外语、法学、医学等学科的学生选修。

(2)Python程序设计基础与数据分析:除基础编程之外,侧重于数据分析和数据挖掘,适用于管理、经济类等学科的学生选修。

(3)Python程序设计基础与网络编程:侧重于网络应用,适合我校传媒、信电、工程等学科的学生选修。

(4)Python程序设计基础与人工智能应用:除Python基础之外,引入TensorFlow框架学习人工智能应用开发技术,讲解机器学习的基础理论和主流模型及算法。适合我校信电、工程等学科的学生选修。

3 大力开展"互联网＋教学"混合式教学方法

在教学中实施多种"互联网＋教学"手段,融合静态和动态、课内和课外、线上和线下各种功能,拓展学习时空,由浅到深地引向深度学习。同时也在一定程度上弥补了课时数的不足。目前在用的平台具体有:

(1)BlackBoard 课程网站:提供丰富的各种课程资料、作业和实验。

(2)MOOC/SPOC:提供各类教学视频,开展小组讨论和答疑等在线学习途径。推荐学生使用手机版,便于随时随地学习。

(3)课程练习与考试系统。各课程根据教学需要,分别采用 AOA、PTA、Access 等系统。AOA 测评系统由浙师大开发,是一款优秀的办公软件高级应用的练习和考试软件;PTA 是浙江大学主打的程序设计练习与考试平台,功能完备,使用方便,现在有 300 多所院校正在使用;Access 练习系统是未来教育公司专为全国 Access 考试设计的一款软件。

(4)DoctorZ:一款旨在加强教学管理的手机 APP。DoctorZ 能够提高教学资源的复用度,增加课堂上的互动程度,同时能对师生的教学信息进行统计和分析。

这些平台混合搭配,有力保障了教学方法多样化开展,能使学生在学习上花更多的时间,从而达到提高教学质量的目的。

4 突出计算思维与能力的培养

4.1 在课程设计中强化计算思维训练

在第一层次,以"大学计算机基础"为核心的系列课程,以计算思维"抽象"和"自动化"二个重要概念为突破口,培养学生的基础思维,帮助学生养成用自动化手段求解问题的思维模式[3]。而思维的培养必须以应用做支撑,不能纯讲理论,因此搭配了多个基础应用模块,如办公软件高级应用、移动应用开发等等。在第二层次,设计以 Python 算法基础为核心的系列课程。算法设计是计算思维大显身手的领域,把最能体现算法本质特征的分解、化简、转换、嵌入、模拟等方法作为重点讲授。为了更好地与专业结合,该课程提供多个专业应用模块进行搭配,如数据分析、网络编程、人工智能等模块,将计算思维与专业进行融合,培养学生应用特定计算机技术解决问题的能力和方法[4]。

4.2 实践动手能力的培养

强化实践训练时间,目前计算机基础课程的实验时数已占总学时的55％,强调学生为主体、师生互动和"做中学";每门课程都设置上机考试且占总分的比例不断提高,以此促进学生的实践动手能力的提高。

4.3 自主学习能力的培养

慕课、机房晚自修、小组讨论、大作业答辩等教学方法的引进,促使学生课前预习、课后复习、积极思考,通过网上答疑、讨论,鼓励学生问道、寻道和悟道,以促进学习能力的提高。

5 结　语

课程体系、"互联网＋教学"、能力培养相辅相成,齐头并进,方有成效。但在实施过程中也存在一些问题,如新课程体系对教师要求提高,教学成本上升;还有,在学时数不变的情况下教学内容如何进行取舍,既要反映新技术,又要体现知识的完整性和系统性,在有限的课时内有相当的难度;对教材、教学视频、实验平台等教学资源也提出新的要求。我们应该与其他院校的同行多交流、多协作、多共享,不能闭门造车。

计算机技术的发展日新月异,新技术如大数据、云计算、人工智能等层出不穷,计算机公共课必须不断改革方能适应新形势,但频繁地变化课程体系及课程内容,教师和学生都会无所适从,造成事倍功半。因此,必须建立一个相对稳定的课程体系,同时具备开放性、扩展性和延续性等特点,以便适应多样化的教学需求。

参考文献

[1] 任静. 技工院校提高学生学习"计算机应用基础"兴趣的几点思考[J]. 科学与财富,2016(31):831-837.

[2] 嵩天,黄天羽,礼欣. 面向计算生态的 Python 语言入门课程教学方案[J]. 计算机教育,2017(8):7-12.

[3] 邓磊,姜学锋,刘君瑞. 实施专业融合,提升理工科学生的计算思维能力[J]. 工业和信息化教育,2013(6):37-41.

[4] 李桂芝,刘亚辉,王伟. 服务于专业教育的计算机基础课程体系的研究[J]. 电脑知识与技术,2016,12(1):148-150.

面向思维能力培养的"程序设计基础C"公共课程教学改革探讨

崔　滢,郭东岩

浙江工业大学计算机科学与技术学院,杭州,310023

cuiying@zjut.edu.cn,guodongyan@zjut.edu.cn

摘　要:在新工科背景下,培养学生运用程序设计的思想解决其专业领域内的复杂工程问题的能力变得越来越重要。本文针对目前C语言基础教学所存在的一些问题,面向学生思维能力的培养,提出原理探究结合案例索引模式下的理论教学改革与团队协作结合任务驱动模式下的实践教学改革,从理论教学与实践教学两个方面进行探讨。教学实践表明,此教学模式下,能够较大地提升学生的学习兴趣,较好地提升学生的编程实践能力,为解决实际的复杂工程问题打下良好的程序设计基础。

关键词:新工科;C语言教学;计算思维;设计思维

1　引　言

工业改变世界,当前世界范围内新一轮的科技革命和产业变革在加速进行。叶民等在新工科从理念到行动解读中指出,世界工程教育的发展趋势为,工科人才培养应与工业未来的发展趋势保持高度一致,工程实景应更紧密地嵌入到工程教育中去[1]。我国的工程教育改革也提出新方向和新计划。从2017开始,随着"复旦共识""天大行动"和"北京指南"相继展开,新工科建设行动在全国工程教育上如火如荼地开展。林健教授解读新工科概念时指出,新工科教育强调的是适应未来产业发展变化的工程教育教学改革方面的研究与行动,注重的是工程教育教学改革的实际成效,目的是培养出满足未来新产业需要的、具有创新创业能力、动态适应能力、高素质的各类交叉复合型卓越工程科技人才[2]。而随着人工智能、大数据分析、云计算等前沿技术的飞速发展,IT的应用已经推广到各行各业。因此,在新工科背景下,培养学生运用计算机科学的思想解决其专业领域内的复杂工程问题的能力变得越来越重要[3]。新工科学生的计算思维能力、设计思维能力,将和数学思维能力一样,成为其学习知识和应用知识的基本技能。

C 语言作为一种非常具有生命力的高级语言,很适合作为程序设计的基础教学[4][5]。一方面,C 语言和计算机底层软件、硬件联系紧密,可以适合不同场合的编程需要。另一方面,C 语言作为一种面向过程的程序设计语言,一个显著的优点是简洁高效,特别适合初学者。此外,以 C 语言为基础入门,极易适合学生未来自学 C++、Python 等面向对象的程序设计语言。

2   程序设计基础 C 的教学现状及问题分析

"程序设计基础 C"是浙江工业大学目前针对全校非计算机类理工科各专业开设的一门计算机基础课程,主要面向无编程基础的大一学生,帮助其建立计算思维并掌握利用程序解决计算问题的能力。通过课程的学习,教师要求学生能够掌握 C 语言的基本语法、流程控制结构、结构化程序设计的基本思想、基础的构造类型和基本的算法,并能够形成利用程序设计思想分析解决实际问题的思维能力。在新工科建设主旨下,尤其希望通过该课程的学习,学生能够利用 C 程序实现和验证自己的专业思路与创意,从而解决各个专业实际的应用问题。目前,浙工大较为重视各学科程序设计基础的教学,教学时长为 64 学时,其中理论学习48 学时,上机实践 16 学时。在此背景下,教学课的安排能够较为有保证地完成教学大纲内容,并且让学生在一定程度上掌握程序设计知识。然而,从教学过程和考核结果中发现,大部分学生能够理解并掌握基本的语法规则和程序执行过程,对程序阅读分析较为精通,但在编程实践上,却会在遇到较为复杂一些的程序设计题时感觉无从下手。通过分析探讨,教与学过程中仍然存在以下几个主要问题。

2.1   学生基础薄弱,教学内容庞杂

学生主体为大一新生,绝大部分学生从未接触过程序设计,更没有计算思维的概念,对于设计程序、使用计算机解决问题,是陌生而神秘的。好奇心驱使学生对新事物充满向往,因此前几次课学生总是有着积极的学习欲望。然而,由于 C 语言涉及的语法规则琐碎繁多,授课内容前后联系较为紧密,初写代码极易出错,调试错误耗时耗力,会极大地打击学生的自信心与进取心,使之产生畏惧心理,导致学习兴趣快速下降。

2.2   重理论讲授,轻实践学习

无论是学习自然语言还是编程语言,其共通技巧都是多交流、多实践,只有在沟通实践中才能够熟练地掌握语法规则并形成对应的语言思维。虽然目前的教学设计中,理论课时较为充足,便于教师充分讲解基本规则与语法结构,但是,上机课时有限,使得学生没有充足

的时间进行上机练习,不能够与计算机进行充分的"交流",也就缺少机会进行大量的调试、纠错,在实践中成长。

2.3 重语法训练,轻思维培养

传统授课模式下,教师上课以语法规则讲解为主,学生上机实践的内容也多为串起语法规则的简单案例,例如典型的求最小公倍数、求累加和、求积分等简单数学问题描述。此种模式下能够让学生短时间内接收较多的理论知识,并希望从简单案例入门,初步树立计算思维的概念。然而,学生综合分析解决问题的能力、创新能力、实践能力均受到较大束缚,不能得到有效锻炼,缺乏真正地编写复杂程序所需要的计算思维与设计思维训练,因此通过课程学习,大部分学生仅能解决简单的数学问题求解,并不具备通过编写程序真正解决实际问题的能力。

2.4 编程问题简单重复,教师答疑工作量巨大

以笔者多年授课经验总结,学生编程的"拦路虎",遵循二八定律,即其中 80% 的错误极其简单,大致分为以下几种:①建错工程,找不到 main 函数入口;②符号误用,例如标示字符的单引号(')与标示字符串的双引号("")混淆、关系运算符(==)与赋值运算符(=)混淆、循环控制语句与循环体之间多加了分号,或者复合语句作为循环体忘记使用花括号({})括起来,等等;③指针应用错误,例如 scanf 语句忘记给变量名前加取地址符(&)、间接引用符(*)与取地址符(&)概念不清、悬挂指针、向指针常量赋值等。上述错误往往不会在编译时报出语法错误,而会在链接和运行时报出,往往让缺乏编程基础与经验的学生感觉觉无从下手修改,或是需要耗费大量时间纠正。因此,需要教师能够及时答疑,以使学生的上机实践能够顺利进行。由于课堂上机时间不足,所以鼓励学生课后自行上机练习,教师在线指导答疑。以笔者为例,一般通过微信、QQ 等即时聊天工具解决学生自行编程时遇到的问题。这种模式大大增加了教师的课后工作量,并且,由于教师自身的工作安排需求,并不能随时查看手机,及时回复学生疑问,从而造成双方时间的浪费。

3 面向思维能力培养的程序设计教学方法改革措施

计算机科学在本质上源自于数学思维与工程思维的结合。自 2006 年 CMU 的周以真教授给出计算思维的定义之后,计算思维便成为计算机界广为关注的一个概念,计算思维能力的培养更渗透在计算机相关课程的教学理念中。除了计算思维,近年来设计思维在设计和工程技术中越来越受瞩目。计算思维利用启发式推理来寻求问题的解答,可以在不确定的情况下进行规划、学习和调度,而设计思维则以解决方案为导向,理解问题产生的背景、催

生洞察力及解决方法,从而分析并确定最合适的解决方案,启发创新。显然,新工科创新型人才必须既具备计算思维能力又具备设计思维能力。因此,程序设计基础教学内容的设计需要以提高学生的计算思维能力与设计思维能力为导向,从而使学生具备真正的程序设计能力。

3.1　原理探究结合案例索引模式下的理论教学改革

目前的理论教学设计中,均以详细介绍基础概念和基本语法知识为主,却缺少程序运行基本原理的讲解,学生对于枯燥的语法知识点基本上知其然而不知其所以然,因此随着课程的逐步深入,学生学习理解起来越来越困难。以 C 语言的精髓所在——数组与指针为例,学生总是对数组做参数,指针的应用等内容难以理解掌握,其根本原因在于,学生难以理解数据地址的概念。因此,从课程的第一节课开始,就要给学生树立计算机工作的基本思想,即"存储程序"的工作方式。为了解决问题而设计编写好的程序,是连同所需数据预先存储在内存中的。因此,从定义变量的数据类型选择开始,一直到数组的定义存储,再到指针的灵活运用,均需要不断强调建立内存单元地址的概念,讲解语法规则背后的程序运行原理,学生经过长时间的系统学习与思考,不断融会贯通,完善知识结构,对于指针等难点的掌握便可轻而易举。

目前的理论教学以基本的语法知识为辅助,引入案例式启发教学,注重算法的设计与讲授。掌握语法是使用编程语言的前提,而掌握算法设计才是掌握了程序设计的灵魂。从广义上讲算法就是为了让计算机解决某个问题而定义的一组确定并且有限的操作步骤,可以是求解数学问题的解题步骤,也可以是进行数据处理的方法和操作顺序。因此,在教学过程中引入案例分析,将分析和设计算法方案作为教学重点,再将算法转为符合规范的程序代码。在此过程中,教师启发学生思考,既讲解编程知识又注重解决方法的提炼,以此达到培养学生的计算思维能力与设计思维能力,从而使学生掌握独立分析问题、解决问题的能力。案例选择需要既切合当下的知识点,又具有一定的趣味性和实用性,以此提高学生的研究兴趣。例如,在讲解学生较为难以理解的递归函数时,引入著名的汉诺塔问题。

3.2　团队协作结合任务驱动模式下的实践教学改革

对于新入校的大学生而言,其学习模式由高中时期的被动式学习转换为主动式学习,较容易放飞自我。此种情况下由单人学习改为小型团队学习模式,有利于建立良好的学习氛围,形成一定的约束力。在实践教学中,学生采用分组建立团队模式进行实验,由于课内实验学时较少,因此实践教学采用传统实践教学与翻转课堂相结合的混合教学模式。课内基本实验中,针对同样的基本问题,小组成员可以互相交流探讨算法设计、代码编写与调试,但是必须独立完成最终的实验任务,此过程中教师应鼓励学生发散思维,设计不同的解题算法,形成创新意识。综合实验中,要求每组协作完成一个具有实际意义的综合性实验课题,以目标任务为导向,分工协作,完成资料搜集、算法设计、代码实现、形成实验报告等内容。翻转课堂中,以小组为单位汇报解决任务的过程和收获,师生一起复盘讨论存在的问题和解决方法,强调程序设计思想,以及其中所蕴含的计算思维和设计思维。

在团队协作模式下,小组成员互相监督,互相促进,可以有效地培养学生的团队合作精神与责任担当精神。此外,小组内交流频繁,可以高效避免简单错误重复出现的问题,极大提高了学生学习效率,减少了教师课后答疑的工作量。

4 结束语

在新工科背景下,当前教学改革的重点内容是提升学生的学习能力、实践能力与创新能力,并最终提升学生的综合素质,使学生成为合格的跨学科跨专业的复合型人才。以此为主旨,将学生的计算思维、设计思维、创新思维等思维训练融入程序设计语言教学中,注重学生思维能力的培养,能够使学生真正具备程序设计的能力,来解决实际的复杂工程问题。

参考文献

[1] 叶民,孔寒冰,张炜.新工科:从理念到行动[J].高等工程教育研究,2018(01):24-31.

[2] 林健.面向未来的中国新工科建设[J].清华大学教育研究,2017,38(02):26-35.

[3] 何钦铭,王浩.面向新工科的大学计算机基础课程体系及课程建设[J].中国大学教学,2019(01):39-43.

[4] 刘培刚,杨劭辉,张学辉.新工科程序设计课程建设探讨[J].软件工程,2018,21(09):51-53,40.

[5] 张定会,王立松.面向"新工科"的线上线下交叉融合模式的"C语言程序设计"课程教学实践[J].工业和信息化教育,2018(09):23-27.

结合人工智能技术的移动应用开发课程综合实验设计[*]

龙海霞,徐新黎,黄玉娇

浙江工业大学,杭州,310023

longhaixia@zjut.edu.cn

摘　要:随着移动互联网的服务场景越来越多,移动终端规模迅速扩大,移动互联网人才存在较大缺口,如何培养适应于移动互联网市场发展需求的高层次人才是高校亟须解决的问题。"移动应用开发"是顺应移动技术快速发展而开设的一门软件工程专业选修课。本文对该课程的实验设置进行了改进,提出了结合人工智能技术的移动应用开发课程综合实验设计,使用项目式管理对综合实验进行控制,同时充分利用线上线下资源,在移动应用开发过程中引入人工智能算法。实践证明,该综合实验有利于学生掌握移动应用开发的基础知识和培养学生解决复杂工程问题的能力。

关键字:移动应用开发;综合实验;人工智能;项目式管理;线上线下结合

1　引　言

随着信息技术的发展以及移动智能终端的普及,移动互联网在国民生产生活中发挥着越来越重要的作用。2019 年 2 月,中国互联网络信息中心(CNNIC)发布了第 43 次《中国互联网络发展状况统计报告》[1]。报告显示,截至 2018 年 12 月,我国网民规模达到 8.29 亿人,互联网普及率达 59.6%,其中手机网民达 8.17 亿人,网民通过手机接入互联网的比例高达 98.6%。2018 年,移动互联网接入流量消费达 711.1 亿 GB,市场上在架移动应用程序(APP)数量约为 449 万个。以手机为中心的智能设备,成为"万物互联"的基础。移动互联网的蓬勃发展,离不开人才培养。目前移动互联网的服务场景越来越多,移动终端规模迅速扩大,但是移动互联网人才存在较大缺口。同时,由人工智能引领的新一轮科技革命和产业

---

* 基金项目:浙江工业大学校级课堂教学改革项目,"移动应用开发"课程课堂教学改革实践,KG201816。

变革方兴未艾,在国家主席习近平给第三届世界智能大会的贺信中指出"中国高度重视创新发展,把新一代人工智能作为推动科技跨越发展、产业优化升级、生产力整体跃升的驱动力量,努力实现高质量发展。"目前,主流的移动应用程序与人工智能技术结合紧密,如:淘宝、微信、百度等。高校计算机学院作为与移动互联网关系最为密切的学院,为了培养学生的综合素质和实践能力,使之满足移动互联网市场发展需求,应积极探索适应于当前社会发展的移动互联网相关课程建设和改革[2,3]。

2 国内外现状

近年来,为了适应软件开发向移动端倾斜这一趋势,国内外各大高校纷纷开设移动端应用开发课程。文献[4]介绍了在"互联网＋"背景下 Android 移动应用开发课程的知识体系设置和相关的多种教学方法和考核方式,提出利用各种现代化教学手段提高学生的学习兴趣。文献[5]提出了一种双项目教学模式,通过课堂和课后项目结合的方式培养学生分析问题和解决问题的能力。文献[6]探讨了移动开发类实验,提出了针对实验教学的三步走策略,加强软硬结合,完善实验评价,提升学生的实践能力。这些项目一定程度上提高了学生的移动应用开发能力,但是课程内容比较基础。在实际的移动应用开发过程中,经常需要结合最新的人工智能技术,比如说淘宝就使用了最新的推荐算法用于商品推荐。而在目前的移动应用开发课程中,人工智能相关内容引入不足。

我校开设了一门专业选修课"移动应用开发",开设时间是大三下学期。一方面,在此之前,学生已经学习了计算机基础课程和程序设计语言课程,有能力进行后续的学习。另一方面,学生马上要进入实习和工作阶段,"移动应用开发"作为一门实践性很强的课程,能够很好地承担起学生职业能力培养的作用,并能很好地衔接学校学习和职场工作。

3 教学中的问题

3.1 Android Studio 开发环境不熟悉

最初的 Android 开发主要采用 Eclipse＋ADT 的形式。近年来,Google 发布了自己的集成开发环境 Android Studio,并放弃了对 ADT 的更新。Android Studio 运行速度更快,UI 更漂亮,具有更加智能的提示补全和更完善的插件系统,因此 Android Studio 正在全面取代 Eclipse＋ADT 这种开发形式。但是,学生在学习"移动应用开发"课程之前没有其他先修课程使用 Android Studio 作为开发环境,因此大部分学生对 Android Studio 的开发环境不熟悉。

3.2 学生学习兴趣不足

传统的教学方式主要以"讲解—接受"为主,学生一般被动地接受知识,学生在知识学习的过程中缺乏主动性,学习的积极性不高。虽然教师在知识点的讲解过程中伴随着演示操作和相关的实验,但是这些实验都比较简单,而且知识点零散,这导致学生对于知识点的掌握不形成系统,容易边学边忘,打击学生学习的信心。

3.3 课程教学时间有限

随着移动互联网的发展,新技术层出不穷,但是由于课程时间的限制,教师在课堂教学过程中以基础知识讲解为主,对新技术的介绍不足,导致学生对移动应用开发的新技术认识不够。

基于以上移动应用开发教学过程中的问题,本文提出了一种结合人工智能技术的移动应用开发课程综合实验设计,既兼顾基础知识点的讲解,又契合最新的移动互联网发展趋势,同时有利于激发学生的学习兴趣和提高学生的实践能力。

4 综合实验设计与实施

"移动应用开发"课程分为课堂教学和实验两个部分,课堂教学内容包括:Android 开发的四大组件,数据存储和访问,多媒体技术,网络编程等,覆盖了 Android 开发的所有重要知识点,同时在课堂教学过程中穿插了移动应用开发新技术的讲解。"移动应用开发"是一门实践性很强的课程,通过对本课程的学习,学生能够熟悉企业移动项目开发流程,为将来工作做好准备。因此,需要让学生体验一个复杂项目的完整开发流程。另外受限于教学时长以及教学资源,课堂学习对掌握移动应用开发是远远不够的。因此可以结合线上线下的资源,让学生分组完成一个结合了人工智能技术的综合实验有利于培养学生解决复杂工程问题的能力。

4.1 前期准备

"移动应用开发"是一门需要经过大量实践练习的课程,学生只有通过实际操作才能真正掌握课堂讲解的知识点,课堂教学将知识点和实际案例相结合,通过有代表性的案例帮助学生理解相关的知识点。同时,为了让学生体验真实的企业项目开发过程,该课程设计了综合实验,以项目驱动实验。首先,学生自行分组,确定组长,并根据企业项目开发配置团队,做好人员分工。每个小组基于自己的兴趣对市场上相关的产品进行调研,分析每个产品有什么功能,如何实现的,用到了哪些人工智能技术,并将调研结果写成调研报告上交。为了方便与学生沟通,该课程采用线上线下结合的实验管理方法,利用超星系统,根据移动应用程序开发流程,设置相关工作节点,提醒学生按时完成。每小组根据市场调研结果确定综合实验的题目和内容,并明确项目管理制度和每个阶段的成果产物。小组组长将本小组综合实验题目、内容以及项目进度安排提交到超星系统以便授课老师审核,老师对每个小组的实验题目、实验内容、进度安排和人员分工进行审核并提出修改意见。

4.2 过程控制

随着课程的推进,模拟企业的项目管理过程,可以分为以下几个阶段:①需求分析;②概要设计;③详细设计;④开发阶段;⑤测试阶段;⑥运行维护。在课程的先修课程"Java 程序设计"中,学生已经对完整项目的开发流程有初步的了解。该课程通过综合实验强化了学生对项目开发过程的认识,并通过学生自主设计,自主讨论,老师从旁指导的方式培养了学生自主解决复杂工程问题的能力和团队合作精神。在项目推进过程中,老师应注意对学生每阶段的工作进行评价,了解学生在项目实施过程中遇到的困难,及时指导学生去分析问题,解决问题,进行总结,保证项目的正常推进,避免学生因为实施过程中的困难产生畏难情绪。同时,在综合实验实现过程,老师可以配合相关的知识点的讲解,注意帮助学生对大项目进行分解,让学生了解一个完整的项目是如何完成的。另外,综合实验要求在移动应用程序中加入人工智能技术。在学习该课程前,学生已经学习了"人工智能导论"课程,对人工智能相关技术已经有了初步的了解,因此学生有能力将人工智能相关算法在移动端实现和应用。但是"人工智能导论"课程讲授的人工智能算法不一定适合学生特定的移动应用程序,因此学生首先应该根据本组的移动应用程序需求,查阅文献,寻找合适的人工智能算法。比如:一个基于人脸识别的考勤系统需要查阅人脸识别相关算法,一个电子词典需要查阅机器翻译相关算法等。在查阅人工智能算法的过程中,老师可以定期和学生沟通,首先帮助和指导学生从众多算法中选择合适的算法,随后实现相关的人工智能算法并移植到移动端,最后对整个移动应用程序进行测试。

4.3 考核评价

该课程采用多维度的评价方式,全面跟踪学生学习过程,对整个综合实验过程进行三次考核评价,分别是:前期考核、中期考核和项目验收。前期考核采用线上评价,每个小组在超星系统中提交前期报告,包括:本组实验题目、实验内容、人员分组和进度安排等。老师批阅前期报告,就实验设置不合理的地方及时和学生进行沟通,以便学生及时调整实验计划。在学生完成系统详细设计后进行中期检查,采用现场答辩形式,每个小组准备 PPT 面向全体学生展示本小组应用程序的设计细节,包括界面效果图、每个模块的算法、模块接口细节和数据库物理设计等。老师和其他学生对答辩小组进行**提问**,帮助他们完善系统。最后进行项目验收,学生向老师展示应用程序源代码和运行效果,并回答老师提出的问题,最后提交综合实验报告。综合实验成绩由前期考核,中期考核和项目验收三部分组成,每部分所占比例为 20%、30% 和 50%。对表现出色的小组,推荐该小组参加校内外各类学科竞赛,通过竞赛来激发学生的学习兴趣,培养学生根据实际情况灵活应用所学知识的能力。

5 总 结

本文通过对"移动应用开发"课程教学过程的优化和改进,加入综合实验环节,达成人才培养目标,实现该课程对学生毕业要求的支撑,培养学生处理复杂工程问题的能力,为我国"互联网+"战略培养优秀的人才,同时为学生毕业后顺利进入职场或继续学习做好准备。

参考文献

[1] 中国互联网络信息中心. 第 43 次《中国互联网络发展状况统计报告》发布[R]. 2019.

[2] 杨栋梁. 移动互联网发展趋势的研究[J]. 电脑知识与技术,2012,8(05):1039-1042.

[3] 潘伟锋. 移动互联网发展趋势的研究[J]. 科技资讯,2017(24).

[4] 谢红侠,刘佰龙,徐慧.《Android 移动应用开发技术》教学研究[J]. 现代计算机(专业版),2018,No.614(14):59-61,72.

[5] 姜海岚,程琳. 双项目教学在软件专业课程中的实践:以《Android 移动应用开发》课程为例[J]. 电脑知识与技术,2018,14(12):120-121.

[6] 肖逸飞,吉家成,黄飞虎. 移动开发类实验教学探讨[J]. 现代计算机(专业版),2017(30):83-86.

计算机基础课程考核模式改革的探索与实践[*]

秦　娥,雷艳静

浙江工业大学,杭州,310023

qe@zjut.edu.cn

摘　要:完成对计算机基础课程学习之后,绝大多数同学会选择报考全国计算机等级考试,改革原有落后的考试报名方式、充分考虑学生的需求、自主研发网上报名系统,能够为学生提供更便捷的服务,从而提升计算机基础课程考核的信息化水平。

关键词:计算机基础课程;计算机等级考试;考核模式改革;网上报名系统

1　引　言

计算机基础课程作为非计算机专业学生学习掌握计算机技能的必修课,在高等教育中占有重要的位置[1]。学校近几年开设的计算机基础课程主要有计算机应用基础、C 语言程序设计、Python 语言程序设计等。通过计算机基础课程的学习,学生能掌握基本的操作技能,熟练操作计算机,能够利用计算机这个现代化工具处理各种问题,提高学生的计算机应用能力[2]。一般课程结束之后,学生都会根据自己的学习情况和实际能力选考计算机等级考试中相应的级别和科目,但在现阶段,考试报名方式落后,严重影响了学生的兴趣。因此,要针对计算机基础课程的特点,推进考核模式的改革,提高考试的信息化水平,发挥考试的积极作用,从而提高学生学习的积极性,培养学生在学习过程中的自主性。

2　传统考试报名方式的弊端

通常,绝大多数学生在计算机基础课程学习结束之后,都会选择报考计算机等级考试,一方面可以检验自己的学习效果,另一方面为以后就业提早准备一个含金量比较高的计算机能力证书。在组织学生报名,现场确认信息并缴费、机房排考、组织考试的过程中,发现考

＊ 项目资助:浙江工业大学 2018 年校级教学改革项目(JG201823)。

试报名方式存在以下两个方面的问题,亟待解决:①采用落后的人工报名方式,信息化水平低;②考试报名、领取准考证需要跑两次现场,给考生带来很多不便。因此,为了改善落后的考试报名方式,提升学生的学习兴趣,考点组织部门亟须开发功能完善的网上报名系统,让学生在报名的各个环节都能体验到信息化技术所带来的便捷,提高考试报名的效率,这对提升学校的信息化建设水平也具有十分重要的现实意义。

3 考试报名系统

针对计算机等级考试报名过程中存在的问题,从学生自身考虑,以学生为本,应当改革落后的考试报名方式,自主研发计算机等级考试网上报名系统,为学生提供更优质的服务,从而提升计算机基础课程的考核信息化水平[3]。学生在计算机基础课程学习之后,如果没有通过该门课程的考试,但在之后的计算机等级考试中,取得了对应科目的二级证书,可以由学院出具说明报送学校教务处,等同于该课程考核合格。

3.1 报名系统流程图

针对手工报名存在的问题,为充分调研学生的实际需求,应尽可能从学生的角度出发,本着为学生服务的原则,最大限度地满足学生的报名需要。经过充分调研,我们获得了全面准确的需求分析信息,从而确定了报名系统的整个流程图如图 1 所示。

(1)网上填报全面准确的个人信息。综合考虑计算机等级考试报名和考务工作的各个环节,报名中期和后期会需要提供各种数据表格,因此考生在网上填报个人信息时,对报名系统的设计尽可能考虑全面,设计多项填写内容,尽可能全面获得报考学生的相关信息。

(2)上传格式规范的照片。填写报名信息时,需要上传个人照片,以往很多学生的照片都不合乎规范,最后提交考务平台时都不能通过检测。针对这一问题,系统添加了照片检测功能,上传的照片必须按照数码照片信息标准来进行操作,学生需要提前按照要求准备好标准的数码照片,规范操作,使得学生在平时就能养成遵章守规的好习惯,以后进入社会,走上工作岗位,这种良好的习惯会让学生自己的职业生涯受益无穷。

(3)采用支付宝平台进行报名缴费。报名结束之后,系统会对所有已报名成功学生进行审核,为了及时通知学生在规定时间内进行缴费,系统会有手机短信提醒,报名学生可以采用手机支付宝 APP 平台缴纳报名费用。采用与缴纳学费类似的流程,学生可以快速便捷在电脑或手机上缴纳计算机等级考试的报名费用。

(4)网上下载打印准考证。网上填报信息和费用缴纳成功之后,考生才被视为报名成功。考生需要注意考试时间和打印准考证的时间,在考试前两周内,考生可凭姓名和身份证号码登录报名系统,先比对个人报名信息,确认无误后,可以自行下载并打印准考证,免去了

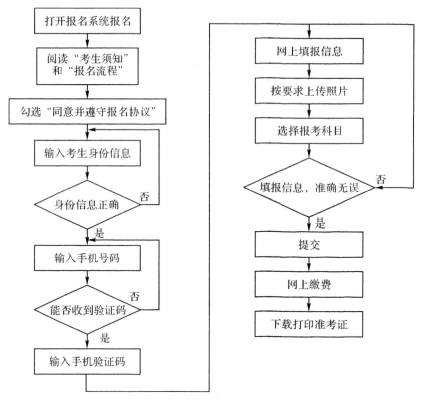

图 1　网上报名系统流程

现场领取准考证的烦琐。如果开考前准考证遗失，可以重新下载打印。大大方便了报考的学生，让学生体验到信息化带来的便利。

3.2　报名系统模块功能图

整个报名系统包括系统界面、进入报名、下载准考证和后台四个部分。如图 2 所示。

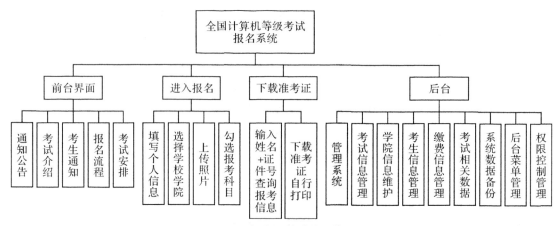

图 2　报名系统功能结构

系统界面包括 5 个栏目内容:通知公告栏目发布最新的通知;考试介绍栏目介绍全国计算机等级考试的科目,证书体系等;考生须知栏目包含学生报考的要求以及相关的注意事项;报名流程栏目详细地介绍考试报名的整个流程,考生按照步骤一步步进行,即可完成报名工作;考试安排栏目会列出最近几年国考的开考时间等信息。

在进入报名之前应先阅读考生须知和报名流程,报名学生须勾选"同意并遵守网上报名协议",方可进入报名,在报名界面中,需正确输入本人信息,顺利上传照片,一位考生可同时报考 3 门以内的考试科目。所有信息填写准确,点击提交按钮,即可完成报名信息的录入。

报名结束后,由系统审核无误后,届时会在通知公告栏内发出缴费通知,报名学生会收到手机短信提醒,学生可按照流程进行报考科目的费用缴纳。

已报名缴费的考生,在开考前两周内,登录报名系统,输入自己的姓名和身份证号码,会显示出该生相应的报考信息,比对无误后,方可下载并自行打印准考证。大大方便了学生。

系统后台计划包括管理系统、考试信息管理、学院信息维护、考生信息管理、缴费信息管理、考试相关数据、系统数据备份、后台菜单管理和权限控制管理等栏目。

3.3 报名系统的特色与优势

(1)采用 PHP+MySQL 技术进行系统前后台开发。采用 PHP 语言进行报名系统开发,它可以在 Linux、FreeBSD、Windows 等多平台下运行,使用 smarty 模板引擎开发,分离了程序的逻辑代码和前端页面设计,具备良好的可扩展性以及可移植性,可通过更换模板实现对手机、Pad 等设备的良好支持而不需要更改程序的逻辑代码。

前端页面设计使用 HTML5+CSS3+jQuery 开发,确保对各种版本浏览器的兼容性。jQuery 是一个通用的 Javascript 框架,主要应用它的兼容性和对多平台的支持,服务器在识别到老版本浏览器时,会在页面中加载 html5shiv 和 respond 两个 JS 文件,同时不再加载 jQuery2.2.4,转向加载老版本的 jQuery1.12.4,从而让 IE6,IE7,IE8 等老版本浏览器支持 HTML5。

(2)人性化设计,系统操作简便易行。系统首页界面采用美观大方的风格,通过手机验证码登录,确保本人实际操作。系统通过导入阿里云短信服务 SDK,实现对电信、移动、联通手机短信验证码的快速准确下发。系统登录界面如图 3 所示。

图 3 报名系统主页

(3)搭建性能稳定的后台管理系统。为了保证学生在登录报名系统后,顺利完成报名的各项操作,系统需要一个稳定的后台来支撑。建设的系统后台用于对网站前台的学生报名信息进行管理,如文字、图片和其他日常使用文件的发布、更新、删除等操作,同时包括学生报名信息、缴费信息、访客信息的统计和管理。对网站数据库和文件的快速操作和管理,使得前台内容能够及时得到更新和调整。

4 结束语

计算机等级考试网上报名系统的成功开发和应用,有效解决了传统考试方式造成的各种弊端和不足,为学生提供了良好的考试报名平台。面向全校各个学院开设计算机基础课程的学生,自投入使用后,受益学生已有 3000 余人。

网上报名系统,大大提高了计算机等级考试报名的信息化水平,提高了考生的报名效率;可以快速处理报考学生的各类数据表,提高了考务人员的工作效率;开发的报名系统具有人性化界面设计、操作简单方便、客户端配置要求低等优点,具有很好的推广价值。

参考文献

[1] 刘玮.计算机基础课程考核方式改革与研究[J].黑龙江科学,2016,7(13):106-108.

[2] 奎晓燕.大学计算机基础课程考试方式改革的探索与实践[J].中国教育信息化,2014,6(4):39-41.

[3] 张凯文.高校计算机基础课程考核体系的改革与创新[J].内蒙古财经学院学报(综合版),2009,2(7):56-58.

形式化方法：现状分析以及结合 CSP 的教学

王　婷，江　颉，曹　斌

浙江工业大学，杭州，310023

wangting@zjut.edu.cn

摘　要：形式化方法是软件工程的重要组成部分，教师必须重视形式化方法的教学。一方面，本文分析了形式化方法的教学现状，包括外部环境的影响和本身教学过程中存在的问题。另一方面，CSP 语言作为一种重要的形式化方法，在教学方面具备优势，也有良好的工具支持。因此本文提出了结合 CSP 的形式化教学方法和思路，以激发学生对形式化方法的学习兴趣，促进该方向教学的发展。

关键词：软件工程；形式化方法；CSP；教学体系

1　引　言

形式化方法是一种基于数学基础的软件开发方法，可以清晰、准确、抽象、简洁地指定和验证软件属性，并且可以帮助使用者发现隐藏在软件规约中的不一致、含糊不清和不完整的地方。不少学者指出，在当前形式化方法的研究和实践中，其潜力远未得到充分发挥。形式化方法主要包括定理证明（使用逻辑和代数描述软件并使用逻辑推理来验证属性）和模型检测（利用进程代数描述并发系统，并通过模型检测来验证属性）。与其他软件工程方法相比，形式化方法可以增强软件的安全性和可靠性，并帮助软件开发人员理解系统。

西方国家的政府部门和研究机构从二十世纪八九十年代开始就非常重视形式化方法的发展[1]。例如，美国国防部高级研究计划局（DARPA）赞助了形式化方法计划，重点是研究高可靠性软件的理论和工具。美国航空航天局（NASA）先后于 1995 年 7 月和 1997 年 5 月发布了形式化方法规范和验证指南（I）和（II）。西方国家的软件产业起步较早，中国软件产业虽然发展很快，但还不够成熟。要在理论和技术上实现赶超，其关键是需要创新。创新并不是仅仅快速地将新方法吸收并延伸，更需要有坚实的理论基础和方法论的研究。因此教师需要重视形式化方法教学和逐渐普及。

早期出现的并被应用最多的形式化方法是 VDM[2] 和 Z[3],其中 VDM 是形式化方法中第一个被应用在中等规模项目的形式化语言。两种语言尽管语法不同,但都主要基于集合论。另一种方法是进程代数(Process Algebras),最知名的是 CSP,它和 Z 语言有着相似的数学理论。这种方法显式地允许并发性,以及需要彼此通信的过程的建模,更符合目前的软件系统架构。还有一些方法是基于代数,而不是集合论的,最著名的是 OBJ。

应用形式化方法的软件项目通常都是高校和与高校密切相关的公司之间合作的结果。最早、最著名的使用形式化方法的是 IBM 的 CICS 项目,是基于 VDM 的。之后越来越多的项目使用 Z 语言而不是 VDM。如果是分布式系统和并行项目,一般会使用 CSP[4] 等。当前软件项目很少有单机版的,网络化、分布式的协作型系统已成为主流。因此,接下来本文将围绕 CSP 语言展开对形式化方法教学的分析。

2 形式化方法教学现状分析

2.1 外部环境的影响

受传统人才培养模式的影响以及对该方向的不恰当认识,目前在软件工程专业中开设形式化方法课程的国内高校并不多[5][6]。大部分高校在形式化方法教育方面存在很大的滞后,主要外部原因有:

(1)计算机和软件学科起步较晚:大多数计算机科学和软件工程专业都是在二十世纪八九十年代建立的,因此理论基础积累不够深厚。

(2)缺乏师资力量:国内能够教授形式化方法课程的教师较为缺乏,即使一些教师了解形式化方法和其意义,也可能会受到学院培养目标和相应教学计划的限制。

(3)培养目标过于迎合市场需要:部分学院经常根据 IT 市场的需求建立教学计划,以减轻学生的就业压力,提高高校就业率。因此,专业课程大多侧重于实用性,理论性较差。

(4)优秀的科研团队数量相对较少且没有拧成一股绳:国内基础研究和教学缺乏资金和相关支持,使得国内优秀的形式化方法团队无法形成大的影响力。

2.2 目前教学中存在的问题

我们国家在形式化方法方向上的教育还有较长的路要走。人们从思想上来说,主要存在三个误区:

(1)认为形式化方法过于复杂。一个常见的想法是,形式化方法需要高水平的数学专业知识,超出了普通从业者的掌控范围。造成这个想法有两个可能的原因。一方面是一种误解,认为形式化方法必然是程序的完整形式化证明。完整性证明通常比建立规约更难以解决。例如二进制搜索算法的证明,与算法的概念简单性及其实现的简洁性相比,规约系统非常复杂。第二个原因可以归类为形式化方法的学术研究的性质。形式化方法基础理论确实经常以非常先进的形式表现,例如:代数语义学、指称语义学、类型理论、组合逻辑、范畴理论、通用代数、过程计算等。而现实情况完全不同。如果教师允许形式化方法仅关注规约,就不需要建立完整性证明。此外,与理论研究不同,绝大部分实用的规约规范只需要掌握基本逻辑和集合论的知识,涉及的语言和语法特征比任何流行的编程语言少得多。教师的经验表明,只具备常规数学知识的高校学生可以在一学期内掌握。

（2）认为形式化方法成本太高。形式化方法需要特殊的知识和技能,一般来说必须付出学习代价。然而其训练成本不会超过软件工程方法所要求的那些不可避免的成本,例如编程或有效使用基本工具。此外,形式化规约通常比系统本身短得多。因此,在许多实际情况中,额外的形式化方法的学习成本可能只是软件开发成本的一小部分。实际上,这种额外的成本可能远远超过形式化方法可能节省的成本。人们也普遍认为,越早发现错误,他们就越容易纠正。

（3）学生未能充分认识到形式化思想的重要性。学生在大学学习阶段普遍比较注重编程语言和实际开发技术而忽视理论课程的学习,还没有充分认识到形式化方法课程的理论基础地位以及形式化描述和抽象思维能力培养的重要性。很多学生即使在毕业时开发技术已达到一定的水平,往往毕业后不出几年,即使能胜任本职工作,也不知如何开发能参与竞争的、技术含量较高的软硬件产品。计算机技术变化很迅速,专门的技术知识虽然在当前有用,但是仅仅在几年内就很有可能变成过时的东西。教师应当代之以培养思维能力、清楚而准确地表达软件问题的能力以及解决问题的能力,这些能力具有持久的价值。

从教学本身来说,形式化方法的教学过程可能存在的问题有:

（1）以学习繁杂理论知识为主,缺乏实际问题的形式化分析和良好的实践工具支持。在目前的形式化方法课程教学中,普遍还是以讲授理论知识为主,因为在很多人的观念中,这门课程就是一门理论课。然而,过分强调理论方法和数学知识,学生很容易在一开始就失去兴趣,尤其是数学基础一般的学生。一旦学生失去兴趣,教学则会越来越脱节。另一方面,当前教学中教师大多选择的形式化语言为 VDM、Z 语言等,这些语言通常较为不直观,可读性差,并不适应目前的软件系统的模块化、分布式和消息传递的模式。软件工程学科本身是注重实践的学科,因此需要从实际的软件问题分析出发,与形式化理论方法相互照应。这也离不开良好的形式化工具的支持。当前教学中同样也缺乏实用工具的支持,阻碍了该课程建设的发展。

（2）只谈形式化语言,不谈内部机制和自动化推理算法,没有形成统一的有机整体。在不少形式化方法的教学中,对形式化语言的介绍比较多,然而例如模型检测,一套完整的方法必须要包含高层语言、高层语言到可推理的底层语言的转化机制以及底层验证算法三部分内容,只有语言是远远不够的。如果学生只是生硬地学习形式化语言,而不懂其内部转化机制和自动化推理算法,是无法理解形式化方法的精髓的,也就无法完全了解工具和算法是怎么开发出来的。

形式化方法课程有益于学生正确理解并掌握开发可信软件的方法，扩展学生的思维。我们不主张让学生和教师深陷在纯理论的泥沼中，而是建议通过工具把形式化的理论方法和软件工程实践有机地统一，这有助于学生在实践中更好地理解形式化理论方法，形成一套完整的形式化方法教学体系。

3 促进形式化教学发展的总体思路

要促进形式化教学的发展，总体思路如下：

（1）打破惯性思维，勇于创新，加强师资力量。开展形式化方法教育需要创新思想，因为它在中国起步较晚，没有本地经验可以参考。教师应该勇于打破已有思维的束缚，在形式化教育中强调创新，并改变思维方式和教学理念。形式化方法教育还需要加强宣传，让更多的教师学生认识和理解形式化方法，形成学习和讨论的氛围。对于学科发展的定位和培养目标的制定，高校应该有远见卓识，将形式化方法纳入计划中。

（2）转变学生观念，使其明确形式化方法课程在软件专业教学中的重要性。要想培养优秀的软件工程专业人才，必须具有良好清晰的思维能力，因此需要正确引导学生的学习观念，培养他们的学习兴趣。从学生的普遍观念来看，由于编程等技术类课程看上去会比较"有用"，学习以后对找工作似乎有直接的帮助，直接导致了学生不喜欢学习给人感觉比较"理论"的课程，从而对形式化方法类课程的学习兴趣不浓，无法意识到思维能力培养的重要性。对于这样的错误观念，应加以正确的引导。例如，教师需要展示在软件开发涉及生命或昂贵代价的情况下，使用形式化方法的重要性，例如波音 737MAX 的飞机停飞事件，以及曾经造成病人死亡的一些医疗软件等。形式化方法的学习过程应该从易到难，从而使学生逐渐适应抽象的思维方式。在此过程中，教师应营造良好的氛围唤起学生的兴趣，提高学生的思想活动，鼓励和培养学生的创新思维。

（3）总结之前教学的经验与教训，在逐步培养学生思维过程数学化、形式化的同时，不让学生陷入过于复杂的数学理论中。形式化方法是一种基于数学的方法，离不开作为前提的数学基础知识，但教师需要精简数学理论体系，在绝大部分的授课中都要理论联系实际，如果能让学生感受到之前学习的数学知识都能学以致用，并且实际上并非想象中复杂，其学习兴趣以及成就感会大大提高。当然从另一个角度说，学生并不能只是因为兴趣去学习，尤其是基础理论知识。但是教师可以通过提供有趣的例子和使用工具来帮助学生克服他们对形式化方法的恐惧心理。所以，要让学生接触形式化的方法，即使他们一开始不喜欢它。可以引入国外经典软件形式化方法著作中适合本科生学习的优秀内容，帮助学生扩充知识面，并激发他们探索和解决问题的好奇心。

4 结合 CSP 的形式化方法教学

把形式化方法作为专业课程的一部分有很多好处。不少人都认为只有敲出代码、实际测试才能叫作软件开发,而没有站在整个软件研发的过程中全面地看待。形式化方法很重要的一点是即使对于很简单的问题,也要求学生仔细考虑设计和规约,而不是急于编写代码。即使对于那些有不少编程经验的学生来说,形式化方法的思维方式也还是全新的。

由于 CSP 的优势,教师在教学中围绕该语言展开,并且使用 PAT 模型检测工具[7]作为教具。PAT 工具是新加坡国立大学 PAT 小组研发的形式化建模和验证 PAT 工具,该工具自动化程度高,对用户友好,学生很容易就能够看懂并且上手,在国外一流高校的授课中已经获得了良好的效果。我们总结了一些具体的教学方法,如下。

(1)为了有更好的可读性和易理解性,用最少的符号将理论和逻辑进行定义。多数形式化方法要求懂一些离散数学,最好还有一阶谓词演算或集合论等方面的知识。离散数学的基本概念应该在教学计划中。强调 CSP 中最主要的语法(虽然 CSP 的语法集比常用编程语言少得多),优先考虑建立简单的想法,鼓励学生首先练习简单概念的制定。

(2)可以先快速介绍 Z 语言(或 VDM),作为早期教学的一部分,让学生阅读基于传统的命令式编程语言的规约。而 CSP 是一种比较具有声明风格的语言,可以和 Z 语言(或 VDM)以及常用的高级编程语言进行对比,有助于学生更好地掌握这门语言。

(3)优先考虑利用 CSP 建立并发过程的基本理论和思想,并坚持让学生掌握它们。这些思想其实并不复杂,只需要三个步骤即可掌握理论:理解、记忆和应用。必须让学生看到这些都是必不可少的和高度互补的。理解是一个显而易见的必要条件,显然有助于记忆;记忆往往是理解的一个因素,形式化思想尤其如此。应用是理解的主要体现和最重要的测试方式。因此,学生应该不断地建立出一般原则的小实例,从后者中重新发现前者,并建立两者之间的确切联系。

(4)从简单信息系统的规约开始进行建模。例如用 CSP 建模简单的仓库系统,它类似于一个不断发展的集合模型。这类例子的重点是:①静态对象(如纯粹的集合和数字)与不断变化的对象之间的根本区别;②建模者在设计时可以采用替代方案;③当要改进模型规约时,一次只进行一次基本改变;④能够推理设计正确性及其产生的后果;⑤模型的抽象性质,使建模者能够将重点放在与实施问题分开的基本特征上。所有这些都是软件工程的主题。

(5)利用形式化方法的支撑工具 PAT,将软件实际问题的形式化建模和分析与理论知识有机结合。应该让学生在具有针对性的案例中体会到理论和实践之间的关系,在思考具体问题的时候不知不觉就掌握了理论方法。刚开始授课时的课程导入对于吸引学生注意力尤其重要。利用生动和富有趣味性的小问题进行课程导入。问题虽小，但是能够涵盖即将学习的大部分理论知识，让学生对软件形式化方法有一个直观的了解，并且推动学生主动思考，激发他们探索和解决问题的好奇心。每一个重要知识点最好都给出软件实际问题的案例建模和分析，以供学生参考和学习。所选择的案例可以结合计算机网络、操作系统的相关机制和原理，例如通信协议、资源竞争、死锁等问题，使得学生不仅能够将软件实践和形式化理论知识相结合，还能够与其他专业课程的内容相呼应，对于学生提高对软件本质的认识有很大好处。

(6)建立一套完整的有机统一的形式化方法课程体系。学生只有了解了完整的形式化方法体系，包括高层语言、高层语言到可推理的底层语言的转化机制以及底层算法等内容，才能正确理解形式化方法的精髓所在，同时也能悟出 PAT 等工具的开发原理。高层语言到可推理的底层语言的转化机制应当避免程式化的语法语义讲授，同样要辅以案例，以让学生有更好的认识。底层的验证算法也必须作为一个重点内容，让学生在有一定数据结构与算法概念的情况下，能够学以致用、融会贯通。教师可以精心选择授课内容，合理安排知识点的出现顺序，以建立起完整的形式化方法课程体系。

5　结束语

本文分析了形式化方法的教学现状，包括外部环境的影响和本身教学过程中存在的问题，还提出了结合 CSP 的形式化教学方法。目前已初步开展了结合 CSP 的形式化方法教学，教学实践表明形式化思维有助于学生抽象思维的提高以及精化等重要软件工程概念的理解，是软件工程教学的重要补充。

参考文献

[1] N. Cataño. An Empirical Study on Teaching Formal Methods to Millennials[C]. IEEE/ACM 1st International Workshop on Software Engineering Curricula for Millennials，2017.

[2] J. Dick，J. Loubersac. Integrating Structured and Formal Methods：A Visual Approach to VDM[J]. 3rd European Software Engineering Conference，1991(5643)，37-59.

[3] A. Diller. Z：An Introduction to Formal Methods[M]. New York：John Wiley & Sons，Inc，1994.

[4] A. W. Roscoe. Model-checking CSP[M]. New York：Prentice-Hall，1994.

[5] 李梦君. 基于 Event-B 和 Rodin 开展形式化软件工程教学[J]. 计算机工程与科学，

2016，38(z1):143-145.

[6] 马竹根. 软件工程教育中建模能力的培养[J]. 现代计算机(专业版)，2010，10:39-41.

[7] J. Sun，Y. Liu，J. S. Dong，J. Pang. Pat：Towards flexible verification under fairness [J]. 21st International Conference on Computer Aided Verification，2009（5643），709-714.

Python 语言助力计算思维和创新能力的培养

马杨珲，张银南，岑　岗

浙江科技学院，杭州，310023

E-mail:zyn96@163.com

摘　要:人才培养一直是高校极为关注和研讨的重要问题。随着社会经济的发展，产业对人才提出了新的要求，需要高校培养掌握核心技术的创新型人才、多学科交叉的复合型人才和具有实际技术操作能力的技能型人才。提高计算机基础教学的质量，增强大学生计算思维能力，是培养应用型、创新型人才的需要。为了使"计算思维"落地，教师应在开设的"计算思维"课程中讲解"程序设计"知识。Python 语言简洁、高效和生态的 3 个特点能够较好地培养大学生解决计算问题的计算思维和创新能力，提高学生的信息素养。

关键词:计算思维;Python;程序设计;创新能力

1　引　言

随着移动互联、物联网、大数据、云计算、人工智能等新技术的快速发展，信息技术的应用正深刻改变着人类的思维方式，无处不在的计算思维成为人们认识和解决问题的基本能力之一，计算思维成为所有大学生应具备的素质和能力。在强调通识教育的大背景下，如何把握经济社会发展需求，培养具有良好综合素养的国际化应用型人才，推进以计算思维为导向的大学计算机基础教学改革，值得我们探讨和研究。

计算思维是国内外各界重点关注的一种较先进的教育理念。为了使"计算思维"落地，教师在开设的"计算思维"课程中讲解"程序设计"知识，将程序设计的理论与计算思维的原理有机结合起来，对培养学生的计算思维能力和创新能力有着积极的作用。

2 计算思维的培养

2.1 计算思维

2006 年,美国卡内基·梅隆大学周以真(Jeannette M. Wing)教授提出计算思维。计算思维(Computational Thinking)是运用计算机科学的基础概念进行问题求解、系统设计以及人类行为理解等涵盖计算机科学之广度的一系列思维活动[1]。它吸取了问题求解所采用的一般数学思维方法、现实世界中复杂系统的设计与评估的一般工程思维方法以及复杂性、智力、心理、人类行为的理解等的一般科学思维方法。因此,它涵盖了包括计算机科学在内的一系列思维活动。

自周以真教授提出并阐释了"计算思维"概念以来,把培养学生计算思维能力作为目标已经成为大学计算机教育工作者的共识[2]。作为通识教育的一部分,计算机基础课肩负着培养大学生——特别是非计算机专业大学生计算思维能力的重要责任,同时,计算机基础课也肩负着培养大学生创新能力的责任[3]。

2.2 国内外计算思维研究和发展现状

国外一些著名高校比较早就开展了基于计算思维能力培养的课程改革。十余年来,国际一流大学如麻省理工学院(MIT)、加州大学伯克利分校、斯坦福大学、卡内基·梅隆大学等都开设了以计算思维为核心的计算机基础课程。

国内高校开展了计算思维能力培养的研究,发表了一些计算思维研究和实践方面的论文。许多高校从 2010 年开始,开展以计算思维为导向的课程改革研究,在"大学计算机"课程中引入计算思维,逐渐从单纯的计算机知识传授转向有意识地培养计算思维。

文献[4]研究发现:当前国内计算思维研究还处于初级阶段,理论研究主要关注计算思维的概念、内涵、特征与价值,应用研究层次主要集中在高等教育阶段,主要聚焦于对计算思维培养策略、计算思维教学模式和计算思维支持系统的设计与开发三个方面。国外计算思维研究已处于成熟的早期阶段,理论研究主要关注对计算思维的解读,应用研究的层次主要集中在 K-12 阶段,主要关注计算思维的教学问题、促进计算思维教育的工具以及计算思维的评价。

2.3 计算思维的发展和思考

计算思维思想的核心,从抽象和自动化出发,实际是一个自然世界到数字世界的逐层递进、逐层转换,从形式化模型构建、自动化执行步骤设计,到程序实现的过程。

计算思维的重要意义在于指导如何利用计算(机)的理论、方法、技术、系统及其工具进行问题求解,针对一个实际问题,怎样运用计算思维的一般方法(抽象、建模、算法、程序、效率、工程)求解。

目前,关键是计算思维能力培养如何落地。即课程教学目标应该是什么？课程教学内容该如何组织？计算机基础知识的粒度、深度是什么？

《大学计算机基础课程教学基本要求》(2016 版)指出:计算思维的核心概念是经过高度概括和理论总结的,还不能成为直接的教学材料,其培养要渗透在传授学科知识、训练应用能力的过程中[5]。计算机教育工作者在"计算思维"概念落地上进行了广泛而深入的研究与探索。程序设计自身具有逻辑严谨、实践性强的特点,适合作为加强培养学生计算思维能力的课程,也适合学生依托程序设计实现专业构思、解决专业问题,培养和提高自身的创新能力。

2.4　编程语言的选择

程序设计课程学习的重点不只是编写程序,还有算法思想与问题求解的思路,增强计算思维能力的培养。尽管计算科学不等于程序设计,但不可否认的是,学习程序设计方法是理解计算机的最好途径。编程思维是无止境的,解决不同问题时有不同的分析方法、算法和代码实现方法。教师有意识地引导学生从多视角多方位进行编程思考,会使学生的思维能力得到跳跃式扩展和提高。

在实际工作中,当需要解决一个大型问题时,人们往往会首先考虑怎么对问题进行分解化简。如现代制造业中的离散制造,就融合了计算思维的本质,把一个庞大的生产问题,按照产品的功能进行层层分解,使一个庞大的问题分解成一个个子问题,更便于人们在生产过程中进行处理和控制。计算思维就是通过约简、分离、嵌入、启发等方法,把复杂的问题分解并解释成若干简单问题,从而降低难度,便于分析和解决问题。

Python 语言因简单易学、扩展库丰富、功能强大,得到了包括谷歌、雅虎等工业界的青睐。Python 语言的优势,使其逐渐获得工业界、学术界的大量支持。由于工业界的巨大需求,国内外有大量的高校采用 Python 语言作为教学对象。

(1)使用 Python 语言的好处是人们可以不计较程序语言在形式上的诸多细节和规则,可以较专心地学习程序本身的逻辑和算法,以及探究程序执行的过程,即用 Python 语言写程序可以让人更多地关注创新性地解决问题的思想本质。

(2)Python 语言的优势还有来源于该语言的开发"生态系统":产业界、学术界、各个大学、开源社区、各大公司,针对实际应用,开发了大量的工具集。该语言使用方便,人们使用这些工具解决具体问题时,开发代码量小,所支持的计算模型丰富,实验设置简单,可视化效果好。

(3)Python 语言还有良好的就业前景。目前 Python 语言在云计算、大数据分析、自动化运维、自动化测试、移动互联网、创意游戏、机器学习、计算机视觉等方面有广泛的应用,就业需求广泛,包括数据分析师、运维工程师、产品测试等方面的就业需求。

3 计算思维教学改革探索与实践

我们本着"夯实基础""自主发挥"和"引导创新"的思路,对学生计算思维能力和创新能力的培养进行了一些实践和探索。

3.1 多年来对 Python 进行了跟踪和分析

(1)软件测试课程。Python 是一种脚本语言,在软件测试中早就受到重用。因此,在十多年前开设的《软件测试技术》公共选修课中,就开始讲授 Python 知识。为提高学习效果,教师采用线上线下混合教学的模式,要求学生课后观看视频学习。授课的同时采用网易云课堂提供的麻省理工学院(MIT)公开课"计算机科学及编程导论"授课视频,视频授课教师为格里姆森教授(Prof. Eric Grimson)。这门课程适用于那些拥有很少或没有编程经验的学生,它致力于使学生理解计算机在解决问题中的作用,并且帮助学生,不论其专业,使他们对于完成有用的小程序的目标充满信心。

(2)申报教学研究项目。2011 年 9 月申报并立项的浙江科技学院教学研究项目为:计算机程序设计课程教学中计算思维能力培养的探索。

程序设计课程教学过程中,学生很容易陷入语言表达形式的误区,尤其是许多考试内容偏重语言而不是编程,这和课程的教学目的是相悖的。

程序设计是高等学校计算机教学中的核心课程,主要讲述程序设计语言的基本知识和程序设计方法,介绍程序设计的思想和方法,有助于学生了解计算机求解问题的方式,即计算机思维方式的培养,主要有 C、Java、C＋＋、VB 等传统程序设计语言。程序设计语言种类繁多,各类程序设计语言都有自己的特点。

目前我国高校主要把 C 语言和 VB 语言作为程序设计课程所用语言。这些程序设计语言历史较久,功能强大,特点突出。但是这些程序语言进行程序开发工作量较大,难度相对较高,特别是对于非计算机专业和文科及管理类专业的学生更是如此。

2014 年 7 月编写了《C 语言趣味程序设计》讲义,对几种编程语言(C 语言、VB、Java 与 Python)的特点进行了对比分析,对常用算法用几种语言编程,进行了比较。

①C 程序设计语言内容多、语法规则繁杂、使用灵活。C 语言与 VB 和 Python 相比更加贴近计算机一端。但 C 语言学习难度大,代码的开发难度较高。

②VB 语言有着"所见即所得"的开发特点,继承自 VB 的 VBA(Visual Basic for Applications)支持面向 Microsoft 的 Office 编程,如 Word、Excel 等,对于许多非计算机的专业来说有着一定的实际意义,但 VB 最大的问题就是平台依赖性。

③Java 语言,和 C、C＋＋一样,语法要求严格,初学者不易上手。

④Python 语言语法简洁、简单易学、功能丰富；丰富的标准库和开源的高质量库，有利于帮助学生迅速学会编程，激发学生对程序设计的兴趣，进而运用计算思维理念、通过编程解决各种计算问题。

通过比较，可以发现，Python 语言有着简洁、清晰和优雅的语言特点，是一种功能强大的程序设计语言，能使初学者摆脱语法细节，更专注于解决问题的方法、分析程序本身的逻辑和算法。

(3)开设"信息与计算思维"新生研讨课。2015 年开设了"信息与计算思维"新生研讨课，授课范围覆盖计算机专业和非计算机专业的学生，在课程中采用 Python 语言进行教学。在研讨课中，教师通过专题研讨、分组思辨、互相点评、讲解演示等方法，以案例或项目，开展协作式解决问题的方式，来促进学生对计算思维的理解，对建模方法的掌握，以及程序设计能力的培养。这种教学模式，大大开拓了学生的思路，有助于学生计算思维的养成。

3.2 不断改进教学内容和教学方法

计算思维的培养不是靠概念的讲解就可以实现的，只有进行教学方法的改革，在传授知识的同时，注重发展学生的能力，通过培养学生用计算机解决实际问题能力，才能达到逐步养成计算思维模式的目的。在教学中，教师可以模拟解决实际问题的模式，以待解决的问题为教学实例，采用问题求解驱动式的方法进行教学，课前提出问题，自主学习；课堂分析问题，展开研讨，给出解决问题的方案；课后拓展问题的解决方案。

(1)处理算法和语言的关系。程序设计的内容应当主要包括两个方面：算法和语言。算法是灵魂，不掌握算法就是无米之炊。语言是工具，不掌握语言，编程就成了空中楼阁。二者都是必要的，缺一不可，学习语法要服务于编程。使用 Python 语言，借助计算机程序解决实际问题时，教师可以让学生将更多的精力放在要解决的问题上，而不是将大量时间耗费在学习语法知识及其使用等内容上。

(2)精心组织教学材料。对课程体系进行设计时，以"新工科"建设理念为指导，结合教学重点和难点，设计符合专业特点的教学案例。为了给学生提供更多的学习资源，让学生能够更好地利用智能手机和零碎时间进行学习，课程中引入了北京理工大学嵩天副教授团队在中国大学 MOOC 网开设的"Python 语言程序"课程[6]。

在教学中，以图形牵引兴趣的 Python 案例，效果比较好。在学生开始编写第一个程序之前，首先可以向学生介绍什么是良好的编码习惯，注意 Python 编程规范与代码优化方法，如：采用强制缩进方式，每个 import 语句只导入一个模块，最好按标准库、扩展库、自定义库的顺序依次导入。

(3)不断改进教学方法。案例化教学是提高教学效果的必需方法：案例驱动的启发式教学方法；引导学生思考，是教学过程中的重要注意点：问题驱动的互动式教学方法。

使用计算机程序解决问题的模式与学生之前所接触到的解决问题方式有着较大的差

异,因此在程序设计语言课程教学过程中,教师可以引导学生理解程序设计语言的特征,有意识地利用这种差异加强对学生思维能力的训练,培养学生分析问题、解决问题的能力。教师可以在教学中提出"提出问题—解决问题—归纳分析"的教学三部曲,采用"任务驱动""案例教学"的方法。

3.3　注重程序设计思想和算法训练

计算机程序在结构上有一定的稳定性和不变性,但程序的特征更明显地表现为程序算法上的灵活性。教师可以以程序设计为中心把算法与语言工具紧密结合,注重算法设计的指导,激活学生思维。

(1)通过算法多样化训练计算思维。在教学过程中,应该尊重学生的个体差异,关注学生思维能力的培养。课程目标不仅仅是培养学生的操作技能,还要通过强调算法多样性来培养学生的计算思维能力。

启发学生利用多种技术、多种算法解决同一个问题。主要表现在代码实现技术和算法设计两方面。对有些趣味问题采用多种思路设计与多种编程方法实现。

例如求阶乘 n! 的值:可以用循环、递归、全局变量等不同的方法;求计算斐波那契Fibonacci 数列的值:可以用循环、数组、递归函数等不同的方法。

(2)增强计算任务的多样性和重构性。多样性可以尽量激发学生的思维活动,重构性通过变化也能够强化计算思维训练。实际上,不同学生会使用不同的学习方法和思维方式。所以,在设计实验内容时,鼓励同学们编写各种程序来实现同一个计算任务。

精选的程序设计趣味问题包括统计分析、数字魔术、数据处理、有趣的智力游戏、巧妙的模拟探索等。

(3)充分利用算法的简化和优化过程。在教学过程中,教师不但要倡导算法多样化,还要引导学生对算法进行反思和进一步探索,如必须满足一定的性能要求等,从而达到简化并优化算法的目标。例如在判断一段大数中都有哪些是素数问题上,从基本的算法设计,到尝试使用第三方 NumPy 库加速运算,既锻炼了学生基于计算思维解决问题的能力,也激发学生提出一些创新性的方法。

3.4　以上机实验为重点的计算思维教学模式

大学计算机教育的主要目标是培养大学生的计算思维能力,计算思维的培养离不开实践,实践是培养计算思维的重要手段和途径。

(1)注重实践环节的思考和探索。要想使学生深入理解计算思维,逐步形成计算思维方式,掌握计算思维的一般方法,编程训练是必不可少的重要环节。以问题求解为导向的Python 编程实践,使学生更好理解运用"计算思维"求解问题的思想,掌握其方法。

(2)引进实际案例教学。针对一些学习能力较强,教学内容掌握较好的同学,可以适当提高要求,用实际案例锻炼中大型程序实例的设计能力。理论学习、研讨和实验环节,使学生能够以典型的计算思维分析实际问题,进一步掌握运用计算机技术解决科学问题的思维和方法,能够运用 Python 语言进行基本的科学计算和数据处理。

3.5 创新能力教学实践

学生计算思维的基本技能的培养,不可能单单通过课堂教学就能完成,实际的锻炼是最好的方法。所以教师应当多鼓励学生参加一些创新项目和应用能力大赛,申报学校创新创业实践项目,通过项目和大赛磨炼和挑战自己,这样,参与的学生都受益匪浅,感到自己各方面的能力都得到了锻炼。学生的这些收获往往是在课堂上老师所不能给予的。计算思维能力的培养最终要靠学生自己在学习、实践活动过程中逐步掌握和形成。

4　结束语

在计算思维课程中,引入 Python 语言,在培养学生计算思维能力、激发学生创新能力方面取得了一些效果。经过多年的教学实践和探索,Python 语言程序设计确实能够很好地助力计算思维和创新能力的培养。

培养计算思维能力和创新能力,需要不断地训练和学习,注重学生分析问题解决问题的能力,培养学生团队协作能力。不仅要以编程语言进课堂为契机探索计算思维的有效培养,还应尝试利用计算工具构建有效的计算思维学习环境。此外,还应重点关注计算思维评价体系的建立与培养效果的检验。

参考文献

[1] Wing J M. Computational thinking[J]. Communications of the ACM, 2006, 49(3): 33-35.

[2] 嵩天,李凤霞,蔡强,等.面向计算思维的大学计算机基础课程教学内容改革[J].计算机教育, 2014(3): 7-11.

[3] 陈国良,董荣胜.计算思维与大学计算机基础教育[J]. 中国大学教学, 2011(1): 7-11.

[4] 范文翔,张一春,李艺.国内外计算思维研究与发展综述[J].远程教育杂志,2018(2):3-17.

[5] 教育部高等学校大学计算机课程教学指导委员会. 大学计算机基础课程教学基本要求[M]. 北京: 高等教育出版社, 2016.

[6] 嵩天,黄天羽,礼欣. Python 语言程序设计[EB/OL]. [2017-03-01]. http://www.icourse163.org/learn/BIT-268001? tid＝1002001005.

"众创"背景下高职院校创新创业型人才培养教育教学模式探索与实践

——以计算机教学为例

章沪超

浙江农业商贸职业学院，绍兴，312088

（13587320370@163.com）

摘　要:高职院校作为创新创业型人才的集中培养储备机构,在当前大众创业,万众创新的社会背景下更是需要加快推进人才培养的进程。本文基于"众创"背景下,围绕高职计算机应用人才培养模式重构与实践进行深入研究。首先阐述"众创"背景对高职院校创新创业型人才培养的重要意义,然后分析"众创"背景下高职计算机"双创型"应用人才培养的现实困境,最后重点探讨基于高职计算机"双创型"创新创业型人才培养的教育教学模式重构与实践的对策和建议。

关键词:计算机应用;创新创业;人才培养模式

1　引　言

近年来,自从提出"大众创业,万众创新"理念以来,我国高等院校逐渐开展了创新创业教育[1]。改革高职院校创新创业教育,能够让大学生适应我国经济的发展新常态,同时也促进高职院校可持续发展的迫切需求,是建设我国创新型国家,实施创新驱动发展的重要措施[2]。

本文在"大众创业,万众创新"的时代背景下,将创业、创新理念深刻地植入计算机专业学生的心中,以此来培训学生的创新和创业精神,让创新、创业理念根深蒂固。这种教学方法为高职计算机的"双创型"人才培养提供了教学素源和实践支撑,为计算机教育事业注入了新动力。

2 "众创"背景下高职院校创新创业型人才培养的重要意义

2.1 拓宽创业机会,提升创新空间

"众创"背景下的创业平台利用互联网大数据的优势,能迅速整合众多优秀的创业项目和创业人才,为创业平台吸收和吸引更多对创业创新感兴趣的有志之士[3]。而当前高职院校的培养方向正好就以职业技能为主,为的是让学生具有更好的实践能力和创新能力,未来走上社会时有更多的创业和就业机会,在市场中更具竞争力,所以培养学生的创新创业能力对社会来说非常重要。另外,还值得一提的是众创平台中的优秀创业人才还可以为学生带来更多的创业、创新经验。

2.2 鼓励学生参与,打造创业氛围

"众创"背景为高职院校创新创业型人才培养营造了良好的社会氛围,不但可以吸引更多的学生参与到众创项目中,还可以调动学生报考高职院校的积极性[4]。传统人才培养模式下,高职院校大学生毕业后多是在企业进行工作,没有真正地发挥学生个人的创新创业作用[5]。"众创"背景下,鼓励高职院校大学生自主创新创业,有了更多的机会让学生去发展自己的才能,侧面地为人才市场提供了充足的资源。

3 关于"创新创业型"应用人才的内涵

目前,学术界在"双创型"应用人才的概念定义和内涵上,一直没有形成一个统一的解释,但"双创型"应用人才的特征却有着较为清晰的界定。例如,可以快速发现创新意识、精神、创造力和问题,并迅速提出解决办法,对社会有巨大推动力的"创新型"人才,其本质特征是"向善"和"突破";而像那些具有创业素质和创业能力,能凭借自己的聪明去创业的"创业型"人才,其本质特征则是"独立"和"灵活"[6]。这两种人才的本质特征虽然不太相同,但由表及里,可以发现,他们的本质特征下都包含着坚韧、敏锐、开拓、高尚等内涵。当然,存在创新与创业自身不可分割的关系,它们相互依存,相辅相生。

结合上述"创新型"人才和"创业型"人才的本质特征,可以对"双创型"人才的科学内涵进行一个大概的推理:"双创型"人才指的是既具有创新思想与创新能力,又具有创业本领,并能将两者融合运用的综合性人才,这种人才不仅可以提高自身的能力,也能为社会带来一定的经济发展。而在本文"双创型"应用人才是指经过院校培养的,不但掌握了计算机专业

的知识,同时可以对 IT 系统进行维护,能够在实践中进行应用,并且可以开发项目和进行程序方面的设计等技能,同时还要具有一定的创业以及创新的能力[7]。

4 高职计算机"双创型"应用人才培养的现实困境

4.1 人才培养的同质化现象严重

伴随着我国高等教育的发展,高职计算机专业教育也顺势得到了迅速发展,为经济和社会的发展培养了一大批高职计算机专业人才[8]。计算机产业逐渐成为知识社会新经济的领军产业之一,计算机专业也就成了众多高职院校炙手可热的专业学科。但因为部分高职院校在办学过程中一味地追求经济利益和短期成果,经常刻意忽视原有的师资力量、软件和硬件设施等相关资质,胡乱增加对计算机专业的学科设置和招生数量,最终导致毕业生与市场上所需的计算机人才要求相差甚远。长久如此,直接影响了计算机产业的可持续性发展和健康成长。除此之外,还有一些高职院校在创办计算机专业的时候,直接参考了其他学校的学科要求、目标政策、教学模式及教学理念等等,这就使得在学习专业的时候基本都差不多,培养出来的人才相对比较单一[9]。

4.2 "双创型"师资力量较薄弱

如果从师资力量上来说,和本科高校相比,高职院校的教师水准还存在一定的差距,师资力量相对要弱一些。这就存在着以下两个大的问题:首先,因为急速地扩张,高职院校的计算机老师很大一部分都还没有专业的计算机从业经验,更别说是相关创业经验了,导致不能为学生提供更多创业方面的建议;其次,因为没有足够的从业经验,高职院校的计算机老师就更没有足够的计算机创新能力了,极大地制约了学生对于创新能力的需求以及学生创新思维的扩展。

4.3 课程结构体系设置过于老旧

第一,因为教学课程的不完善,课程配置上很容易出现失调的现象。一种最直接的表现就是必修课、选修课以及实践课程之间所占有的比例差别太大,尤其是大部分高职院校至今未将创业教育纳入基本的课程体系当中去,致使创业教育与基本的理论教育无法有机地融合在一起,限制了计算机学生对于创业的热情和向往,不利于学生在"众创"环境下毕业后的就业[10]。

第二,因为高职院校对计算机专业没有全面的认知,所以在许多高职院校的计算机课程中仍是以理论知识教育为主,忽略了对学生在动手能力以及创新能力的培养,阻断了学生与快速发展中的计算机市场之间的联系[11]。

第三,大部分高职院校现在采用的仍是传统的教学模式,缺乏专业的创新思维和能力培养课程,非常不利于学生今后创新思维的培养,限制了学生的创新精神和创新能力。

所以,在这样一个既没有完善的教学课程体系,同时也容易产生单一教学模式的教育环境下,高职院校计算机专业的学生的创新能力和创业能力都没有得到明显有效的提升,很容易在毕业之后被激烈的竞争环境所淘汰。

4.4 课堂教学模式比较单一滞后

计算机专业的特性,导致了其必须有着极强的实践能力,这就对教师也有着一定的要求,教师需要充分发挥出自己的特长,让教育过程变得更加生动灵活,以及富有差异。但我国目前高职院校的现状却与理想相差甚远,存在着诸多问题,比如仍采用传统单一的教学模式授课、课程体系不够完善、硬件设施老化、很少上实践课、创新的课程基本没有。这些问题不仅制约着学生计算机专业知识的掌握程度,同时也对学生的创业和创新能力造成了极大的消极影响。更不可否认的是,逐渐从侧面降低了市场对高职院校计算机专业的期望,为高职院校和毕业生以后的持续性发展都埋下了隐患。

5 "创新创业型"人才培养教育教学模式探索与实践

5.1 创新人才培养方案,完善人才培养体系

"众创"背景下高职院校计算机专业亟须加快教育教学改革,制定出相应的人才培养方案,不断完善现有的人才培养机制[12]。第一,在明确自己的教育理念,深入学习国家相关的"双创型"人才培养政策,将培养"创新创业型"人才作为学生培养计划的重中之重,将学生的未来发展定位在创新创业方面,不把就业率看作是培养人才的唯一标准。其次,高职院校同时也需要对学生的教育改革方面进行创新,完善人才培养体制[13]。高职院校明确学校的"创新创业型"人才培养思路,从而避免流于形式的培养体制,并且积极营造创新创业的校园氛围,鼓励学生投身自主创业的社会背景下。此外,要想更好地培养出"双创型"人才,就应具有专业的"双创型"课程体系。第一,改变教材,提升教材质量;第二,增加创业教育和创新思维教育课程的比重;第三,多给学生一些在校实践的机会,让学生有更多的进行实践的空间。譬如,设立一些基础的创业课程,其中有大学生职业规划、创业教育等,还可结合计算机专业的实际情况,设立相应的选修课程,诸如网页设计、计算机硬件维修、软件研发等,与当地计算机行业发展现状有效结合,并通过教师创业经验分享,为学生在未来进行创新创业奠定一个好的基础。另外,在课程方面尽量做到合理,在进行课程教学的同时,教师逐渐引导学生做一些课程方面的设计,并采用实施项目＋团队合作的教学方式,将学生分为几个小组建立一家软件开发公司,让学生了解软件开发公司设立流程,比如企业注册登记、市场调研

中计算机行业的情况、对软件产品进行研发等,引领学生在课堂教学过程中深入领会计算机创业的一系列内容,以增强学生自身的创新创业意识,提高学生的创新创业能力有很大的。

5.2 革新人才评价机制,构建科学管理系统

高职院校算机专业"双创型"应用型人才在评价过程中应吸收多方意见来进行评估,比如吸取学校、学生、用人单位和相关政府部分等四大主要利益方的意见进行评估[14]。除此之外,课堂上的传统教学考核方式和最终的期末考试考核方式也应尽快转变为注重实践能力和工作技能的创业创新能力的考核。一方面,使用较为传统的考核方式来巩固学生的基础知识水平;另一方面,用实践操作来审查学生在工作中需要的技能水平,两手同时抓。特别是那些需要实习的课程,在教学的过程中要不断地进行监控,最终形成由教师、实习单位和学生共同评价的一套考核标准。另外,在高职院校算机专业"双创型"应用型人才培养评价过程中,教师可以采用内部评价结合外部评价的方式。其中,从学生在上课过程中的满意度,对创业的态度、所掌握的创业技能等方面的教学效果进行内部的评价;对学生的创业行为和对社会的影响进行外部的评价。如果以时间划分的话,又有短时和长时评价之分;在评价的方法上,分为独立评价和对照组对比评价两种。[15]。

5.3 优化教育教学资源,强化创业实践环节

一方面,高职院校首先应提高自己的师资力量,尤其是增加"双创型"教师在计算机专业中的比例。在引进教师的过程中,不仅要求教师具备丰富的计算机理论相关知识,更要求教师具有足够的相关从业经验。在培养的过程中,如果当下教师的理论知识足够丰富,可以派遣教师去企业或者公司进行任职,为其提供成为"双创型"教师的途径;此外,高职院校需要聘请那些有经验的教师或者社会精英,让他们可以成为学校的教师,能够为学生讲课,构建立体的"双创"教育师资队伍。譬如,高职院校为计算机专业"双创型"教师提供全面系统的培训课程及学习交流平台,帮助他们学习认识与创新创业相关的前沿信息及教育理念,并逐步提升自身实践教学能力,进而营造出和谐的计算机创新创业教育氛围。[16]。

另一方面,多开展一些创业竞赛类的活动。高职院校应经常组织学生参加一些与计算机相关的各类级别的比赛,也可与企业对接,开展符合企业和市场实际相符合的创业比赛。与此同时,在学生会中成立创业社团,如"创业协会""科创空间""创业咖啡屋"等,依托社团开展竞赛、科研、交流、推广等创业相关活动[17]。在这其中,高职院校可投入一定的经费并指派专门的创业指导教师,打造各具特色的创业活动平台,这能够更好地培养学生自身的创业能力和创新方面的意识。比如,创建创新实验室,紧紧围绕计算机专业学生创业培养内容,对重点项目及资源进行深入挖掘,为学生提供更多创业平台及市场。利用创新创业社团中的相关活动,为学生校内实践教学创造更多便利条件,使其能够依靠实践载体实现自身价值。若有学生寻找到适合自己的创业项目,高职院校及教师可及时为学生提供投资及融资

方面的帮助,从而为创业的有序进展提供便利。而学生也可就此机会,将相关项目直接输送给企业。

6　结　语

时下,创新创业教育已然成为我国高职教育中一种新型的教育教学理念和人才培养模式,并渗透在人才培养环境的各个环节。随着经济社会的发展,社会对计算机"双创型"人才的需求越来越大。因此,高职院校计算机专业教育亟须创新人才培养方案,完善人才培养体系;革新人才评价机制,构建科学管理系统;优化教育教学资源,强化创业实践环节,积极促进"众创"背景下高职计算机创新创业型人才培养,提升人才培养质量。

参考文献

[1] 鲍玮.探索校企合作基础上高职学生创新创业能力的培养路径[J].现代职业教育,2016 (27):190-191.

[2] 唐婧.计算机教学中高职生创新创业能力培养的改革创新[J].信息与电脑(理论版), 2017(07):252-254.

[3] 郭飞军."互联网十"双创教育对高职计算机专业人才培养的启示[J].职教论坛,2017 (14):51-55.

[4] 成维莉,王琪.高职计算机专业学生创新创业能力培养的探索与实践[J].科技创新导报, 2017,14(28):238-239.

[5] 熊会芸.计算机教学中高职生创新创业能力培养的改革创新[J].创新创业理论研究与实践,2018,1(01):68-70.

[6] 梅娟.基于产学研合作培养高职计算机专业学生创新创业能力:以无锡城市职业技术学院为例[J].创新创业理论研究与实践,2018,1(10):81-83.

[7] 谷战英,李建安,陈昊,等.校企合作建设"双创"基地的实践[J].文教资料,2018(02): 117-119.

[8] 翟晓松.物流管理专业实践教学研究:以大学生创新创业能力培养为基础[J].北方经贸, 2018(08):143-144.

[9] 邓节军.高职院校计算机专业学生创新创业能力培养的探索[J].科技资讯,2018,16 (04):145-146.

[10] 赵娟.校企协同分阶段"双创"能力培养体系的构建[J].信息记录材料,2018,19(01): 98-100.

[11] 李彦奇,胡宇航.基于"双创"教育背景下高职院校教学模式探索与应用:以计算机类专业为例[J].课程教育研究,2018(48):252-253.

[12] 郝兆平.浅议"互联网+"双创教育对高职计算机专业人才培养的启示[J].创新创业理论研究与实践,2018,1(02):14-16.

[13] 程琳琳,钟晓锐.高职院校学生科技创新与创业能力培养的研究与实践:以计算机专业为例[J].福建电脑,2019,35(01):56-57.

[14] 彭跃."互联网+"双创教育对高职计算机专业人才培养的启示[J].中国校外教育,2019(06):164-165.

[15] 李彦奇,胡宇航.基于"双创"教育背景下高职院校教学模式探索与应用:以计算机类专业为例[J].课程教育研究,2018(48):252-253.

[16] 刘洋."新常态"背景下高职计算机专业创新创业教育问题及对策研究[J].计算机产品与流通,2019(07):233.

[17] 刘宏宇.高职院校计算机专业学生创新创业能力培养机制研究[J].重庆电子工程职业学院学报,2019,28(02):1-5.

留学生全英文教学探讨
——以浙江师范大学软件工程专业为例

丁智国，吴建斌

浙江师范大学，金华，321004

dingzhiguo@zjnu.cn，wjb@zjnu.cn

摘　要:在教育国际化大趋势下，大量留学生进入中国高校，浙江师范大学软件工程专业的留学生规模也逐年扩大，全英文教学成为留学生教育的重要组成部分。本文分析了我校软件工程专业留学生的特点及全英文教学过程中存在的问题，给出了一些建议和改进的措施。

关键字:教育国际化;全英文教学;留学生教育

1　引　言

高等教育国际化是当前教育改革发展的基本趋势之一，是培养国际化人才的基础。近年来，随着中国国际地位的提升和国际交流合作的进一步深化，国际留学生，特别是非洲、中东地区，东南亚国家的学生来中国进行学习和研究的规模不断扩大，来华留学生教育已经成为我国高等教育的一项重要内容，也是我国文化自信，国家软实力，国家战略和国际影响力建设的一项重要工作[1]。

为了贯彻落实国家政策，浙江省中长期教育规划纲要《浙江省高等教育国际化发展规划(2010—2020 年)》和《浙江省高等教育"十三五"发展规划》精神指出要加快推进浙江省高等教育国际化进程，努力提高留学生教育层次和教学水平[2]。留学生的培养规模和质量，也成为衡量一个高校国际化水准的一个重要指标。浙江师范大学作为省属重点建设高校，积极响应国家政策，将国际化教育作为我校四大发展战略之一，这几年，在留学生的培养方面，做了大量的工作，也吸引了越来越多的留学生来校学习。

然而，如何培养好留学生已经是当前国际化教育所面临的一个重大问题，浙江师范大学数学与计算机科学学院，近年来受到越来越多留学生的青睐，目前已经有软件工程和计算机科学两个专业招收留学生,且已经具备规模化趋势。

笔者作为一名给留学生上课的一线专业教师,已经承担了多门软件工程专业留学生的全英文课程的教学工作。从专业教师的视角能看到我校的留学生培养正逐渐步入正规化和系统化。但是,和国内很多高校一样,目前我校的留学生培养仍处在初级摸索阶段,仍存在很多问题需要改进[3,4]。如何在我校留学生招生规模逐年扩大的基础上,保证国际留学生的教学质量,同时健全留学生的教学管理体系,成为目前我校迫切需要解决的问题。

2 本专业留学生概况及存在的问题

笔者所在的浙江师范大学软件工程专业从 2006 年成立以来,发展迅速,2009 年成立浙江省第一批国际服务外包人才培育基地;2010 年,2011 年分别获得软件工程一级学科专业型和学术性硕士学位授予权;2014 年成为省国际化专业,并开始招收第一批留学生;2016 年成为浙江省一流 A 类学科。2019 年 5 月,我校软件工程专业完成教育部工程教育认证。专业的快速发展吸引了大量留学生来该专业学习,图 1 给出了近五年该专业留学生的招生情况。

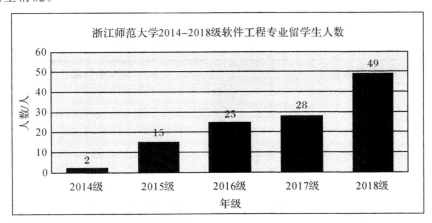

图 1　浙江师范大学 2014—2018 级软件工程留学生人数①

从图 1 可知,短短五年,该专业的留学生人数从 2014 年的 2 人到 2018 年的 49 人,共计120 人左右,表明该专业国际化发展方向明确,受到国际学生的认可。但不可忽视的一点是,浙江师范大学的留学生培养,和国内很多高校一样,目前仍处在初级阶段。学校的办学思想、管理模式、培养方案、考核评价等都相对还不成熟,仍需要大力发展。就管理模式而言,学校国际处负责招生和质量监控,留学生的培养方案由学校教务处认定,具体的教学和

---

①　2018 年我院将留学生分成软件工程和计算机科学与技术两个专业,49 名留学生包含 24 名计算机科学与技术专业学生。

管理由所属学院专业和学生工作办公室共同完成,如图 2 所示。这种模式使得各个职能部门分管各自隶属的工作,但需要进一步的深化部门之间的交流合作。

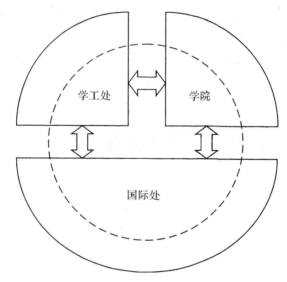

图 2　浙江师范大学留学生管理模式

接下来,笔者从一线任课教师的角度,对我校留学生教学资源和留学生特点两方面(如表 1 所示)进行分析,并指出存在的一些问题。

表 1　留学生教学资源和留学生特点简表

留学生教学资源	留学生特点
师资状况	地域
培养方案	语言
培养管理	学生特点
教学资源	学习目的
课堂教学模式	

2.1　本专业留学生教学资源

(1)师资状况。国际化教育最严峻的状况是师资相对还是比较匮乏,留学生教学师资不足是国内很多高校普遍存在的问题[5][6]。首先,随着国际化办学规模的不断扩大,部分教师的教学任务超负荷;其次,由于给留学生上课要采用全英文教学,这对很多老师来说都是巨大的挑战,由于老师的英语水平达不到预期要求,在教学实践过程中,不得不靠降低专业课本身的难度来弥补因为英语教学造成的学习障碍,这也在一定程度上影响教学质量。

(2)培养方案。留学生的培养方案、课程设置、教学手段目前仍参考中国学生的培养模式,很多只是简单的中文翻译版本,和国内学生培养方案几乎完全一致。这也使得我们的国际化学生培养在专业设置方面和国外同专业存在较大差异。留学生的培养,一方面要考虑目前我国国情,一方面也需要考虑留学生本国的实际情况,结合留学生本国的教育发展水平进行综合考虑并做适当调整,但是目前制定出这样完善的培养方案相对还比较难。

(3)培养管理。虽然有国际处、学校教务处、学院专业三方共同协作,但在培养管理方面仍需进一步深化合作。留学生的培养,基本理论学习、实习实践、毕业设计等需要多方共同协作。比如留学生的专业见习、实习和毕业设计。分别占培养方案的 2 个学分、8 个学分和 15 个学。根据本专业的培养要求,专业见习和实习必须去具体的企业完成一定的实践操作,而留学生在中国境内找到相关企业和公司比较困难,因此一般都需要回国找实习单位;其次,见习、实习的考核相对也比较困难。

(4)教学资源。针对国际留学生,所有教学过程均需要采用全英文,教材、大纲、教案、实验、作业、报告等教学资源相对匮乏。同时,软件工程专业的很多课程都具有很强的实践特征和应用性,如果仅仅只讲解理论,没有对应的教学素材和案例用以辅助教学,英文课堂的教学水准相对较低,课程将会变得很枯燥,从而影响教学效果。

(5)课堂教学模式。我国传统的本科教育模式是以授课为主,学生被动地接受课堂所学知识,缺乏课后主动学习的过程,这和欧美发达国家的国际化教育模式不相匹配。上课模式、教学方法、考试模式、实验和实践环节也同化安排,这导致的后果就是留学生到课率不高,学习兴趣不高,学习效果不理想。

2.2 留学生特点

(1)地域。目前,我院的留学生主要来自于非洲、中东地区的第三世界国家,如刚果(金)、津巴布韦、坦桑尼亚、摩洛哥、也门等,大部分国家由于地域、社会、文化等差异造成基础教育水平也各不相同,特别是数学、计算机水平。这些来自不同国家、教育程度不同的学生汇聚到同一个班级同一个专业进行教学,势必会造成教学效果不理想,基础差的学生跟不上教学进程,而基础好的学生又会对课程失去兴趣。

(2)语言。留学生的英语水平参差不齐,部分来自于英语为官方语言的国家,一般具有较好的听说读写能力,能和老师进行良好的沟通,而来自于其余国家的学生,则在理解沟通方面存在不同程度的困难,这导致语言沟通不通畅,教学安排、教学组织相对困难,再加上部分留学生基础知识比较薄弱,这不仅影响学生的学习积极性,也导致教学进度缓慢。

(3)学生特点。留学生入学标准相对比较宽松,导致学生质量差别很大,因此,留学生在课堂中表现出的学习态度也参差不齐,两极分化比较严重,一部分学生勤奋好学,有明确的学习规划,比如我校 2015 级的来自刚果(金)的一位留学生,平均绩点达到 4.31,毕业后直接被上海交通大学录取为硕士研究生。而大部分同学懒散拖沓,自我约束能力不够,上课缺席甚至迟到,如 2016 级的部分留学生就受到学院学业警告。

(4)学习目的。由于大多数留学生来自于比较落后的第三世界国家,不同地域的留学生对自己的人生规划各不相同,但大部分留学生来华留学的主要目的是回国服务,一般以就业为导向,重实践轻理论。因此他们更注重于实践性强的课程,普遍不太重视基础理论的学习,因此造成在理论讲课部分的出勤率比较低。

3 专业建设方案探讨

接下来,笔者就基于上述我校留学生教学过程中存在的问题和留学生特点,给出一些建设和改进的建议,希望能在一定程度上促进留学生的培养质量。

(1)师资队伍的加强。师资建设主要从两个方面进行改进,即"引进来"和"走出去"。通过大力引进在海外获得学位的青年博士,同时,优先选送青年教师到国外知名大学访学进修,通过交流合作,学习国外的先进教学理念和教学方法,提升教师综合素养。目前,我院已经有超过三分之二的老师有海外进修经历,这对我院的国际化教育奠定了基础。

(2)培养方案修订完善。首先,我校目前针对留学生毕业的学分为 120~140 分,为留学生开设汉语、中国文化通史、中国概况等课程,留学生可不修读思想政治、形式与政策、军事理论等课程。其次,针对留学生特点,通过广泛调研留学生个人情况及学习目标,修订培养目标,对课程进行优化设置,实行标准学制四年,辅助以弹性学制,即留学生在 3~6 年内修满培养方案的最低学分即可授予学位。在学习韩国、日本等亚洲国家留学生教育的先进经验基础上,我校积极响应国家要求,在留学生的管理和教学过程中,逐步实现趋同化。

(3)完善教学资源。目前,虽然在专业课的教学过程中,基本都引入了国外的原版教材,但大部分实践性课程的配套资源、软件等依旧是中文版本,因此需要后续进一步完善。需要做到不仅仅是教材全英文,授课全英文,更应该做到和留学生的沟通是全英文,辅助资料,特别是实验平台的全英文。针对一些课程,如软件工程专业核心课程——Software Quality Assurance and Testing,国外已经有很多优秀的免费网络教学资源可供参考,任课教师根据学生特点选择调整即可。

(4)多种教学模式混合使用。完善传统的教学模式,充分利用现代先进的教学设施和教学方法,强化以学生为中心的教学模式。以启发式教学法,案例教学法等从实际应用中找问题,讲解问题,从易到难,由浅入深。如针对软件工程专业特点,在专业基础课,如"Data Structure""Operating System"等,引导学生对基本知识点进行应用,如链表对内存管理方面的应用。在实践性强的课程中,如"Software Quality Assurance and Testing""Case Analysis of large Software Structure",引入具体的项目,通过案例分析、小组讨论、报告的形式、互动完成教学。根据专业特点,强调实践教学。

(5)考核方式的改革。借鉴工程认证的教育理念以及国外先进做法,将教学过程纳入考试考察之中,由于现代软件开发强调成员之间的合作,因此除了传统的期末闭卷考核方式,可以针对课程特点,引入项目作业,通过团队合作能力(参与度,贡献度等指标),文献报告,项目汇报等方式考核学生的综合能力。

(6)了解学生特点和基础。在每一届新生入校时,进行完善的新生始业教育,通过学生工作办公室提供的学生个人资料和新生导论课程,对学生的基础知识、语言水平、个人发展等通过调查问卷、班主任座谈的方式进行摸底,并在后续的课程选择过程中给予指导。对母语不是英语的留学生,建议选择大学英语作为基础课程。深入了解留学生的学习目的,对课程进行适当修正。

(7)强化课堂管理。建立严格的课堂教学考核机制,将到课率、作业完成率等都纳入课程考核范围,建立严格的反馈机制,同时和学生工作办公室联合,建立完善的留学生请假机制。该模式在2016级软件工程留学生课堂教学中已经尝试实施,获得了较好的效果。

4 结束语

高等教育的国际化和信息化是当前社会发展的趋势,在高等教育加强国际化建设的背景下,如何提高留学生的培养质量已经成为留学生教育所面临的严峻课题。本文结合我校软件工程专业留学生培养过程中存在的一些问题,提出了一些改进的建议和方法。希望能逐步完善我校留学生培养方案,完善全英文授课的课程体系,探索全英文教学的模式和方法,从而提高留学生教学质量并提升留学生的培养质量。

参考文献

[1] 吴福理,郝鹏翼,李小薪,等.留学生"多媒体技术"课程全英文教学方法探索[J].中国信息技术教育,2019(10):98-100.

[2] 赵翠芳.国际化专业全英文课程教学模式研究:以"C语言程序设计"为例[J].教育现代化,2018,5(49):70-72.

[3] 栾小丽.计算机专业国际留学生英文教学质量管理[J].价值工程,2017,36(27):257-258.

[4] 朱瑄,朱长武,赵素芬,等.留学生数据库原理全英文教学探索与实践[J].计算机时代,2014(11):7-10.

[5] 陈嘉琪,徐松."互联网+"背景下全英文教学模式的创新研究[J].中国多媒体与网络教学学报(上旬刊),2019(05):13-14.

[6] 翟良锴,胡晓夏.中国高校全英文教学的研究综述[J].教育教学论坛,2019(13):53-54.

基于 MOOCs 的混合式教学在网络数据库 管理课程教学中的探索

李桂香

浙江同济科技职业学院,杭州,311231

4556270@qq.com

摘　要:MOOCs 是一种新兴的教学理念,将开放、共享、协作、自主的理念渗透到教育领域,必将会对传统的高等教育产生深远影响。本文根据基于 MOOCs 的混合式教学的特点,提出了网络数据库管理课程教学改革思路,并探讨了 MOOCs 在混合式教学在实施过程中存在的问题。

关键词:MOOCs;混合式教学;教学改革

1　引　言

慕课(Massive Open Online Courses,MOOCs)是指大规模的网络开放课程,是一种在线课程开发模式,是面向社会公众的免费开放式网络课程,通过开放教育资源的形式发展而来[1]。目前有三大课程提供商(Coursera、Udacity、edX)在互联网上提供免费的在线学习课程,为更多的学习者提供了学习机会,短时间内就有超过百万人次的学习者加入到 MOOCs 进行远程学习。MOOCs 极大地挑战了传统的教育模式,在优质资源共享、传播等方面给整个高等教育带来了机遇与挑战。

教师把 MOOCs 资源引入到课堂教学中,采取混合式教学模式,借助网络学习平台,构建大量学习视频,供学生自主学习[2],课堂上则主要采取面对面的讨论互动,为学生答疑解惑,将有助于探索课程教学新模式,提高教学质量。本文主要探讨如何将 MOOCs 与混合式教学引入到网络数据库管理课程的教学改革中。

2 网络数据库管理课程的特点

网络数据库管理课程的教学目标不仅要求学生掌握数据库的基本原理,还要求学生能熟练操作微软公司的 SQL Server 数据库,并能开发简单的应用程序。课程的特点是内容多,课时数较少,实践性和应用性较强。教师要在有限的时间内讲授大量的数据库基本理论知识和 SQL Server 软件操作,如果用传统的教学方法,教学效果较差,难以提高教学质量,因此,有必要对网络数据库管理课程进行教学改革探索,借助信息技术手段,选择更为适合的教学模式。

3 基于 MOOCs 的混合式教学在网络数据库管理课程中的应用

3.1 优化课程体系

根据对 MOOCs 教学理念、授课形式、内容组织等方面的要求,教师首先要优化课程内容,重构课程体系,把课程的知识结构分解成具有代表性的小知识点,知识点划分时,每个小知识点尽量相对独立,这样既便于学生学习,又便于老师考核。有些内容、环节和步骤很多,相互之间依赖性很强,联系紧密,要将这部分内容划分成短小的知识点需要对内容把握非常精准、到位,一个好的划分,有利于知识的学习,不恰当的划分可能导致难以学习。知识点划分好之后,教师要按照知识点重构课程内容,并以案例教学为驱动,重新构建起知识体系较为完整的课程。按照知识点组织的视频内容,视频一般比较短,一方面是考虑学习者难以长时间保持注意力,另一方面短片也方便使用手机、平板等平台观看,也可以充分利用学习者的碎片时间,因此视频的长度一般控制在 5～10 分钟。

3.2 建立课程团队,建设 MOOCs 教学网站和教学资源库

MOOCs 课程内容丰富,包括线上内容和线下交流。线上内容主要包括视频(微课)、小测试、考试题、讨论区等,线下交流主要有三种形式,即线下答疑、学习社区和翻转课堂等,这需要主讲人员、在线教学人员等组成一个强大的 MOOCs 课程团队去完成,来保证课程的学术性和技术性,并为每个视频都做好教学设计。同时网站的内容也要不断更新和完善,为学习者不断提供更多、更新的教学资源以及及时与学生在线上互动。

3.3 改革课程教学模式——翻转课堂

混合式教学的主流形式为翻转课堂。翻转指的是对原有教学流程的重构,原本要在课堂上学习的内容放在课前完成,在课前,教师创建视频,连同相关教学资料放在MOOCs网站上,学生通过网络在课前观看视频学习,在课堂上,师生进行面对面的互动交流的教学过程。这种"先学后教"的模式是将传统的教学内容放到课下,学习的过程是学生自主学习的过程,传统的"以教师为中心"转变为"以学生为中心",教师成为学生学习的组织者、指导者和帮助者。这种方式让学生成为学习的主角,学生课前自主学习MOOCs网站提供的教学视频,完成相应的测试,完成了知识的学习,课堂上教师讲解重点,并对难点进行答疑,与学生共同讨论课程内容,课堂成为师生之间、生生之间互动的场所。

3.4 调整教学方法

调整现有的教学方法:从以教师教为主转变为以学生学为主;从以课堂教学为主转变为课内外结合为主;从以终结性评价为主转变为形成性多元评价为主。

这种方式有利于学生根据自身情况安排学习,学生可以在课外或者回家观看教学视频,基本不受时空的限制,完全可以自行掌握学习的节奏,可以快速跳过,已掌握的知识点遇到难点可以反复观看,可以暂停思考、记录笔记或者进行验算等,甚至可以通过交流区向老师或者其他同学求助,不必担心课堂上因分心而跟不上教师节奏等问题,可以有计划地完成作业,作业成绩可以通过在线自动评分、学习者互评等方式获得评估,课程也会安排期中、期末考试,学生在规定时间内完成即可获得考试成绩,学生利用MOOCs的学习过程如图1所示。但这种方式对教师的教学也提出了更高的要求,因为学生课前已经学习了基本知识,学生在课堂上会提出很多问题,教师由原来的知识传授者,变成了组织者、倾听者、答疑者,教师的课前准备将要更为充分。

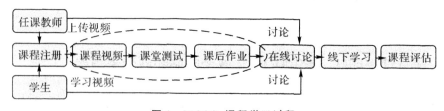

图1 MOOCs课程学习过程

3.5 改革考核方式及成绩评定方法

改变以往以试卷评价为主的考试形式,建立多元化的评价体系。这可以使形成性评价与终结性评价相结合,注重过程评价,平时成绩占总评成绩的比例不低于50%,引导学生把注意力转到学习过程上,过程评价主要有两个方面:一是平时作业互评,大部分的作业采取学生间互评的形式进行评定,学生除了按时完成自己的作业外,还需要评价其他同学的作业,在评价其他同学的作业中也可获取学习的经验;二是期末大作业现场答辩,大作业采取答辩讲解的形式进行,优秀的同学须参加大作业答辩讲解,其他同学随机抽查,优秀的作品将获得加分鼓励。

4 存在的问题

4.1 平台建设

平台建设是进行MOOCs课程教学的前提条件,当前我国MOOCs平台建设还处于起步阶段,课程的数量、课程的质量等有待进一步提高[3],要实现MOOCs在教学中的应用,首先需要建设完善的MOOCs平台。建设中可以以Coursera等平台为参考,首先建立统一的课程建设规范,在规范的指导下,先建设部分高水平的课程,在此基础上逐步完善,最终形成一个完整的专业(群)教学体系。

4.2 学习效果

MOOCs的教学虽然新颖、灵活,但是对于高职学生来讲,如何保证在无人监督、指导的情况下自觉地、高质量地完成学习,并保证有足够的注意力保持对学习内容的持续关注与交互,课后自觉完成作业,并按时完成课程中安排的小测试、期中、期末考试等是一个难题,另外还需要学生参加线上学习交流讨论等,这对高职学生的毅力、自觉性、理解水平和学习能力等提出了较高的要求。

4.3 内容建设

MOOCs较好的学习体验源于内容精简、设计合理、师生共建等,主要以视频、测试为主要学习资源,辅助以实验、测试和互动交流的学习活动,除了平台之外,内容建设的成本较高,特别是视频,除了要掌握一些软硬件的操作和使用外,还需要良好的教学设计,因此应该深入学习借鉴MOOCs的教学设计精髓,不断提升学习效果。

5 结　语

MOOCs的蓬勃发展必将对高等教育产生深远的影响,高等职业院校的教师应该以积极的态度面对这场教学革命。本文主要探讨了如何将MOOCs引入到传统课堂。采用混合式教学方法改革网络数据库管理课程教学,将有助于探索计算机类课程的教学模式改革,进而提高计算机类课程的教学质量与教学效率。

参考文献

[1] 袁松鹤,刘选.中国大学 MOOC 实践现状及共有问题:来自中国大学 MOOC 实践报告[J].现代远程教育研究,2014(4):3-22.

[2] 熊建新,彭保发,齐恒.信息化背景下高校"混合式教学模式"的思考[J].课程教育研究,2013(5):34-39.

[3] 池雅庆,宋睿强,李振涛.探索 MOOC 对计算机课程教学的影响[J].计算机工程与科学,2014(36):164-168.

音乐艺术类高校计算机思维培养研究

谢红标，方振宇

浙江音乐学院，杭州，310012

摘　要：本文首先分析了音乐艺术类高校学生的计算能力问题，结合实际需求认为计算思维能力对音乐艺术类学生也同样重要，进而分析目前音乐类院校计算机教学存在的各方面问题，然后介绍了本校结合专业需求进行计算思维能力培养的课程改革，实践证明改革对学生计算思维能力和就业能力均有了较大的提升。

关键词：计算思维；计算机课程改革；音乐艺术

1　音乐艺术类高校学生计算能力问题分析

1.1　"重专业、轻文化"现象严重

大部分音乐类学生从小就花费大量时间在专业学习和练习上，而且专业音乐院校也特别喜欢这类学生，特别是从音乐类附小、附中考上来的学生。这就导致了该类学生以专业领域有所成就为目的，荒废了文化课程和其他基础类课程，影响了学生的全面发展和创新能力。

1.2　逻辑思维和推理能力弱，动手能力差

音乐艺术主要用声音来表达情感，同时讲究利用当下环境触发灵感进行创作，所以从学生的思维趋于感性。而其他课程的薄弱（如音乐类学生普遍数学不好）造成了逻辑思维和推理能力弱。

但是音乐基础理论知识的学习需要学生利用逻辑思维连接各知识的横向与纵向的交叉关系。这要求他们特别是以后需要从事音乐教育类工作的学生，要求具有缜密的备课思路，尤其需要了解教学内容内在的逻辑关系。梳理教材内容时，要建立局部体现整体、局部联系整体、局部完成整体的教学意识，对教学内容做逻辑细分，设计教学环节。

音乐类学生虽然擅长演奏,但是女生偏多,学科门类的局限,学生动手能力差,甚至连自己乐器的发声原理都不清楚,对自己的乐器不能很好地维护和修理。

1.3 缺乏多学科融合能力,进而限制了创新能力

音乐类学生从小就不断地学习经典、练习经典,专业能力突出,但缺乏对其创新意识和创新能力的培养。同时音乐类院校的创新创业教育师资条件和相关配套设施等严重不足,而且学科类型的单一化也严重限制了教师对学生创新能力的培养。

2 培养计算思维的必要性分析

2.1 计算思维特征

所谓计算思维是运用计算科学的基本概念对问题进行求解、系统设计和行为理解,是数学思维和工程思维的升华。具有如下特征:

(1)抽象性。计算抽象思维就是通过约简、嵌入、转化和仿真等方法,把一个看起来困难的问题重新阐释成一个我们可以解决或容易解决的问题的思维方法。

(2)构造性。美国著名的分析哲学家 Rudolf Carnap 在他的名著《世界的逻辑结构》中指出:事物不是被产生的,也不是被认识的,而是被构造的。构造性便于我们更好地理解事物的本质。

(3)数字化。计算思维是一种符号化的抽象思维。在各种抽象的过程中,所使用的符号是抽象的基本工具。符号化是各种抽象的基本特征。因此,计算思维与理论思维、实验思维一样,都是一种符号化的思维。

(4)系统化。系统化思维首先是一种世界观。世界由无数复杂的系统组成。当需要解决的问题规模越来越大、复杂度越来越高的时候,人们不得不采用系统化的思维去全面地审视面临的问题。系统化思维的建立有助于从整体的高度和各要素之间关系的角度解决问题。

(5)网络化。《网络、群体与市场》一书中指出网络将人们的行为联系起来,使得每个人的决定可能对他人产生微妙的后果,它揭示了高度互联世界行为的原理和效应机制。

(6)虚拟化。虚拟实践的根本特点是在数字化空间中,把人如何实践、如何活动以数字化的方式再现出来,让人可以"离开实践看实践"。当人们借助虚拟平台把人类的思维过程作为研究对象进行研究并模拟人类如何思维时,虚拟思维就产生了。虚拟思维把人们头脑里看不见摸不着却又实实在在存在的思维过程在虚拟环境中展现,让研究"思维是如何思维"成为可能。

2.2　计算思维在各类高校中的应用情况

关于计算科学的重要性,在美国总统信息技术咨询委员会(PITAC)2005 年 6 月给美国总统提交的《计算科学:确保美国的竞争力》报告中有清晰的阐述。报告认为,虽然计算本身也是一门学科,但是它具有促进其他学科发展的作用。报告断定,21 世纪科学上最重要的、经济上最有前途的研究问题都有可能通过熟练地掌握先进的计算技术和运用计算科学得到解决。鉴于计算科学的重要性,2010 年 7 月 20 日,九校联盟(简称 C9)在西安对计算思维与大学计算机基础教学进行了研讨,发表了《九校联盟(C9)计算机基础教学发展战略联合声明》(以下简称《联合声明》)。声明认为,培养复合型创新人才的一个重要内容就是要潜移默化地使他们养成一种新的思维方式:运用计算科的基本概念对问题进行求解、系统设计和行为理解,即建立计算思维。这表明,计算思维的培养已得到中国部分高校的重视,目的是为了培养能够参与国际竞争的创新人才,确保国家的竞争实力。

在综合类院校的艺术类专业比较早地启动了对学生计算思维能力的培养计划,根据专业特点对计算机课程体系进行改革。

而音乐类院校对计算思维的认识和能力的培养还处于起步阶段,如沈阳音乐学院和西安音乐学院就针对课程做了一些改革,对计算思维能力的培养做了一些尝试。

2.3　计算思维与音乐艺术融合优势

根据上面分析,计算思维已经得到了广泛认可和关注。在目前"互联网＋"大环境下,计算思维将在很长一段时间内对学生解决问题能力、创新能力的提升发挥重要作用。

科学与艺术,感性思维和理性思维,两者缺一不可。计算思维和音乐艺术从不同领域汇集的方式将更具创新性。同时也能给各领域的思维方式带来变革、创新和观念冲击。

就音乐类院校的学生来说,教师加强对学生计算思维能力的培养,对增强逻辑性、推理性思维能力,进而具备系统化、网络化、虚拟化思维能力,提升创新和创造能力具有重要作用。同时计算思维的培养对音乐类院校的学生的心理健康、思维拓展以及应用技能的提升等也具有同样重要的作用。

3　进行课程改革培养计算思维能力

3.1　目前音乐类院校计算思维课程设置情况及问题

目前音乐类院校的计算机课程主要有计算机基础、高级办公应用、flash 应用和 Photoshop 应用等。此类课程虽然能提高计算机的部分应用能力,但是对计算机思维能力的培养存在很大问题:

（1）教学内容针对性不强。目前没有针对音乐艺术类高校编写的计算机教材，内容过于统一，即使是音乐类高校内部不同专业如音乐教育类、表演类等各专业对计算机能力的需求也不一样，应根据专业特点对教学内容进行调整。

（2）教学方法落后。目前音乐艺术类高校的计算机课程在机房通过广播系统完成，不能很好地发挥学生主动性；针对音乐类学生思维活跃、理性思维薄弱、抽象能力差等特点，需要教师结合其专业特点培养学生的创造思维。

（3）教学机制不够灵活。音乐艺术类高校对基础课程，特别是计算机课程课时是一再压缩，同时学生专业课程学习练习以及演出耽误计算机课程学习的事情时有发生。

3.2 引入计算思维进行课改

为了更好培养音乐类学生的计算思维，本校结合音乐类学生实际需要从下列多方面进行了改革。

（1）引入结合专业需求的教学内容。教学内容跟专业相结合既有利于学生接受又有利于培养学生的技能。我们在课程中加入音乐打谱软件使用、音视频的编辑制作、音乐课件、音乐微课、音乐小视频等内容。

同时引入计算机前沿技术介绍，如人工智能、云计算、物联网、网络信息安全等内容让学生了解技术前沿。

再者我们利用互联网工具给学生创作的平台，指导学生录音、录像等技术，利用微信、微博、抖音等平台发布自己的作品，提升了学生的动手能力、增强了乐趣和成就感。

（2）改革教学方法。音乐艺术类高校学生的计算能力参差不齐，我们对知识分模块分层次教学。第一层次为大类公共课，主要内容为计算机的基础知识和技能。学生入学后进行测试，测试通过的学生可以不参加学习直接拿学分进入第二层次的学习。第二层次为各专业结合的各类选修课程，培养学生利用计算机的技能解决本专业的问题，如音乐打谱、非线编辑、微课制作等。

在教学过程中采用分组案例式教学，充分利用微课、翻转课堂等形式，充分调动学生的积极性和主动性。

（3）改变教学手段。我们建设了网络在线课堂用来弥补学生因演出等耽误学习进程的情况，为学生提供各类学习资源，同时搭建优良的交流平台，充分利用第二课堂，为课堂教学做延伸。

同时利用社团活动等资源，组建计算机兴趣社团，让学生服务学生，达到学以致用的目的。

再者利用竞赛等各种活动，充分调动学生的学习计算机的积极性。

另外也引入各类计算机认证，在培养计算机能力的同时，增加学生就业的筹码。

参考文献

[1] 董荣胜.《九校联盟(C9)计算机基础教学发展战略联合声明》呼唤教育的转型[J].中国大学教育,2010(10):14-15.

[2] 袁剑.音乐类艺术院校计算机教学问题与对策[J].电脑学习,2010(8):62-64.

[3] 张瑛.高等音乐院校计算思维培养的研究[J].辽宁科技学院学报,2018,20(03):52-53,61.

跨学科集成案例教学设计以"程序设计基础"课程为例*

叶含笑

浙江中医药大学,杭州,310053

摘 要:跨学科集成案例教学模式设计的目的是为了培养学生对科研和工程设计的兴趣,激发学生的创新思维和提高工业化编程能力。针对当前本科生和研究生在科研和工程中的编程教学及编程实践中的困难,建立一套新的编程规范,帮助学生用规范的方法解决科研和工程问题,培养学生写出适合工业化生产的高效程序十分必要。

方法:授课过程中,采用跨学科集成的理念来设计教学案例,学生自由组合并在授课教师的指导下完成这些案例的原型,每组提交一份综合源代码,每个人要在课题报告中,写明自己的设计、编码或改进,作为课程成绩评定依据。结果:每个小组都在规定时间内完成了课题原型的开发并演示成果,部分小组提交的创新成果具有较好的实用价值,并被学校实验室所采用。结论:跨学科集成设计极大地提高了学生自主学习能力和创新思维能力,增强了课堂教学的互动性和趣味性,使学生所学的内容更贴近社会现实和生产应用。

关键词:跨学科集成案例教学;创新思维;专题设计;原型设计

1 背 景

跨学科集成设计思维早在 20 世纪 80 年代就已经在西方国家计算机科学与技术领域兴起[1],1972 年,在经合组织的教育研究与创新中心举办的跨学科研讨会中,将跨学科认定为对两个或多个不同学科的整合——这种整合是学科间互动的过程,包括从简单的学科认识、交流、材料、概念群、方法论、认识论、学科话语的互通有无、研究路径、科研组织方式和学科人才培养的整合[2]。在 20 世纪 20 年代中期,美国哥伦比亚大学的心理学研究专家伍德沃

* 本文受校级研究生重点教改课题"案例式教学模式在研究生课程教学中的探讨与应用研究",(课题编号:78110000836);校级教改一般项目"信息技术与教育教学深度融合的探索与实践"(课题编号:2018011)资助。

思便开始使用跨学科一词[3]，起初大家对跨学科的解读类似于"合作研究"。学者纽厄尔指出："理解跨学科研究中学科(discipline)的角色是理解跨学科的关键"[4]，世界顶尖大学普遍高度重视推动多学科交叉融合与发展。在中国，多学科交叉融合已成为许多综合性大学探索的热点[5]。在国内一般认为多学科交叉融合分为两种方式：其一是"多学科融合"方式，也就是把理工科、医学科、生命科学等多种学科结合起来，作为平台、实验室和教学中心等；另一种是"多学科交叉"方式，把物理、化学、生物等学科的中间过程交叉，由多位院士和学科带头人参与，培养人才，获得成果[6]。而跨学科集成设计理念相比于多学科交叉融合，其教学手段更具有学科方向培养的针对性，更注重立竿见影的效果。跨学科集成设计作为多学科交叉融合的教学手段之一，体现在本科教学上，就是在本科阶段的课程教学中，设计具体教学案例，在案例设计中实现多学科交叉融合，激发学生参与集体活动的热情，培养学生的观察能力、想象能力、思维能力、实验操作能力和创造能力[7]，培养学生团队合作意识，让案例开发参与者学会主动与人交流，体验与人合作的快乐。

跨学科集成案例设计理念在授课过程中，打破学期的时间跨度，在短期内（一周或者数周）集中将一门课程讲授完成，日本大学称这种教学方式为"集中講義"，类似于汉语翻译的讲座形式，这样的形式目前在中国的高校也越来越多了，许多在暑期开设的课程就是采用这种类似讲义的方式[8]。2013年清华大学开设了一门能够让本科生以一个开放性的视野、广泛接触不同的学科知识，培养学生跨学科团队协作、项目控制、时间管理、事件管理、组内合作、组间竞争的能力的"跨学科系统集成设计挑战"课程[9]。美国高等教育专家则认为：在社会发展日趋专业化的现实世界里，学生毕业后将要进入和生活的这个社会正变得更为复杂，学生应该具备超越相互独立的学科、发现知识之间联系的能力，用全局的方式去思考，以综合的技能去处理日益割裂的专业知识[10]。学习跨学科课程已经成为许多美国研究型大学对本科生的一项基本要求。

"程序设计基础"是笔者在访学时协助导师所在的浙江大学暑期开设的一门集中式教学课程。"程序设计基础"作为计算机技术应用类课程，在设计上可以有机地与各学科的知识点融合在一起，并锻炼学生的实践动手能力。根据跨学科集成设计理念进行新的教学尝试手段，在暑假小学期教学中取得了良好的人才培养效果。

2　跨学科集成案例教学设计规范

理论与技术应用的结合主要可分为两种方式：一是技术与课程的结合，将技术融合于一门课程；二是课程与专业背景的结合，通过计算机技术的应用促进多学科的融合。"程序设计基础"作为一门操作实训很强的课程，需要同时培养学生的设计能力和创新思维、对课程所涉及技术的实践锻炼以及对专业问题的解决能力。因此笔者根据跨学科集成系统设计的理念对课程进行了重新设计,目的在于发掘参与者的自身潜能,运用软件工作流的管理模式,激发学生自主学习的能力。课程根据选课学生的专业知识背景来划分知识点,形成具有针对性的教学大纲,并制作相应的幻灯片,把课程实施过程中可能出现的共性知识和问题予以讲解。再根据学生的专业背景设计多学科集成式的教学专题,从而达到授课过程中的学科交叉融合。笔者根据选课人数,设计适合学生组队开发的跨学科集成式教学案例,这些案例来源于学校教学科研管理、实验室科研项目或是企业的需求等。这些案例课题的提出由以下三种情况组成:

(1)课题由教师给出,有兴趣的学生可将课题申报为 SRTP(Student Research Training Plan,大学生科研训练计划),在这门课上完成其快速原型系统,课后再改进以完成 SRTP 答辩;学生也可以不把教师的课题申请为 SRTP,而是直接选择为课程作业。

(2)学生亦可以用自己的 SRTP 项目作为课程课题,和教师协商决定课堂报告要完成的内容。

(3)学生自己提出课题,和教师协商决定课堂报告要完成的内容。课题内容要有一定的实用价值和难度,并且学生可以在 10 天连续的工作中完成原型系统。

3 跨学科集成教学实施过程

以"程序设计基础"课程跨学科集成教学实施过程为例,该课程共计 32 课时,教师统一授课时间为 12 课时,统一授课内容主要为 C++编程思考、学员团队分组、确定课程设计题目。组员按标准规范的编程方式开发自己的功能模块,能方便组员之间的交流和开发系统模块的集成,其余课时,授课教师进行课堂指导。同时教师在 GitHub 上建立了多个私有库,存放每届学生贡献的与课程作业相关的系统开发环境和基础库,以及本次课程作业的库,同时要求本课程的全部资源都由团队组员提交到 GitHub 课程公用平台上。开源资源首选纯 C 语言实现的库,其次才是 C++实现的库。课题来源于各个实践领域并融合课程理论知识进行设计。

集成教学与企业软件开发最主要的相似之处是原型开发时间紧凑,连续 10 个工作日为系统原型开发周期。授课教师将课程知识与课题开发技巧在 4 个半天里讲授完毕,其余时间由授课教师与各组协商课堂上要完成的内容,并轮流指导各组进行系统原型开发。学生可充分利用网上开源软件来完成原型系统。如果存在共性问题,由老师选择时间再统一讲解,学生也可以到讲台上自由发表见解。课堂结束时各组级完成原型系统并演示和讲解。最终的报告、分报告、代码可以在课程结束后再整理并上交。

集成案例教学设计技术路线如图 1 所示。

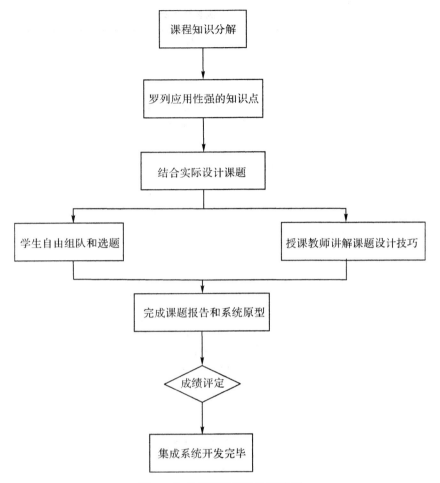

图1　集成案例教学设计路线图

课程实施跨学科集成案例教学模式后,极大地刺激了学生主动学习的兴趣,无须课堂签到和点名,没有出现逃课现象,既锻炼了学生的创新思维,也锻炼了学生系统原型开发过程中的团队合作与互动能力。

集成案例教学设计课题来源、团队组成、课题目标、项目最终结果如表1所示。

课程结束时各组完成原型系统并演示和讲解,每个组撰写一份总结报告,阐述课题目标、课题所用到的技术路线、解决方案和课题分工。每个组员撰写分报告,写明自己负责的工作或改进、心得和建议,每个组最后需要在课程结束后上交总报告、各分报告和综合起来的源代码,作为成绩评定依据。

表 1　集成案例教学设计

序号	课题来源	集成式开发项目团队	课题目标	成果展示
1	来源于教学科研管理	校园组	为检索者提供及时准确的校园信息自动回复	
2		新闻组	用户只需要将网页的 URL 复制到软件中,软件将自动在新浪新闻中搜索相关的新闻	
3		排课组	制作一个选课和排课系统,整合教务网上的选课信息。输入课程编号,实现调度算法,输出无冲突的排课表	
4	来源于实验室科研项目	收集组	实现对期刊库的文件检索功能,提取对应文献的摘要,并根据分析得到关键词	
5		查新组	为查新机构提供一个实用的网络化查新工作环境,提高查新管理工作的自动化和科学性	
6		文本组	实现对一批文章根据其主题进行自动分类	
7		抠图组	对图像进行抠图并融合	

序号	课题来源	集成式开发项目团队	课题目标	成果展示
8	来源于企业	涂鸦组	设计类似于画笔那样的涂鸦制作软件	
9		证件组	自动实现身份证照片、姓名的识别，并写入文件	

4 成绩评定

教师根据学生上传的文档判断在设计上学生有没有自己的思考，做了什么，为什么这么做，内容是否通顺，做的东西有没有达到效果，与过去相比在开发技术上有没有创新或者提高。以此设计分数权重系数，将学生上交的文档和作品传给课题使用者或者相关评委进行网上成绩评定，在网站上设计如表 2 所示的成绩评定表，由评委根据判断对课题成果进行客观评定。在 10 项指标中设置分值，每个选项设置分数等级。比如技术水平项为 10 分，小组作品有重大改进即得 10 分，有较大改进得 8 分，有一定改进得 6 分，无改进得 5 分。各项分数的总和即为小组作品总分，然后对各成员工作好坏进行评定，在作品分数上乘以小组成员完成工作好坏的比例分数，获得每位同学的个人分数。

表 2 集成案例教学效果评价表

序号	评价指标	组员评价	同学评价	教师评价
1	跟前面系统相比开发的内容是否有改进	n_{11}	n_{12}	n_{13}
2	系统开发的正确性和执行效果	n_{21}	n_{22}	n_{23}
3	系统是否具备实用价值	n_{31}	n_{32}	n_{33}
4	程序运行是否稳定可靠	n_{41}	n_{42}	n_{43}
5	程序设计难易程度	n_{51}	n_{52}	n_{53}
6	团队合作和组织能力	n_{61}	n_{62}	n_{63}
7	创新性	n_{71}	n_{72}	n_{73}
8	参考文献是否充足	n_{81}	n_{82}	n_{83}

续表

序号	评价指标	组员评价	同学评价	教师评价
9	总结写作条理是否清晰	n_{91}	n_{92}	n_{93}
10	学习态度	n_{101}	n_{102}	n_{103}

$$\sum 总分 = n_{i1} * w_{i1} + n_{i2} * w_{i2} + n_{i3} * w_{i3}$$

n_{ij} 为各成员评定的分数,w 为评审委员会设定的各成员所占分值比分权重。

5 讨论与展望

跨学科集成教学注重提高学生的实践动手能力、基本技能以及激发学生的创新思维,围绕一个比较大的有意义的主题组织学生学习和协作开发,在不同学科领域建立交叉连接,给学生一定的挑战,为学生提供运用所学技能的机会,使可行的评估作为课程教学的综合组成部分,将真实生活的经验包容其间,吸引和激发学生的主观能动性。促使学生自觉自愿地更深入地理解所学内容。学生在真正学到知识和技能的同时,把所学技术进行实践开发,大大提高了讲课的效率,以及授课者和学生的互动交流,这种授课模式打破了以往以学期为单位的时间限制和知识领域限制,将课程知识与实践创新更紧密地联系起来,不失为教学改革中的一种有效尝试。

参考文献

［1］Bernhard Dopker. Developments in Interdisciplinary Simulation and Design Software for Mechanical Systems［J］. Engineering with Computers 4,1988, 229-238.

［2］全国哲学社会科学规划办公室.跨学科研究系列调查(一)——跨学科研究:理论与实践的发展［R］.北京:全国哲学社会科学规划办公室,2011.

［3］Andrew S. Woodworth, R. S.［M］. *Winston in Encyclopedia of the Sciences of Learning*,2012.

［4］John A. Michon. Allen Newel:A Portrait［J］. Studies in Cognitive Systems,1992(10):11-23.

［5］李涛,宗士增,徐建成,等.构建多学科交叉融合创新实践平台的探索与实践［J］.中国大学教育,2012(7):79-81.

［6］付景川,姚岚.研究型大学本科人才培养模式:问题及改进策略［J］.教育研究,2010(6):77-82.

［7］刘守合,杨煦,逯燕玲.应用型文科专业群综合实验教学组织管理体系构建［M］.全国第

二届国家级文科综合类实验教学示范中心建设理论与实践研讨会,2012(8):17-19.

［8］http：//blog. sciencenet. cn/blog-502444-646215. html.

［9］http：//www. edu. cn/gao_xiao_zi_xun_1091/20130121/t20130121_895820. shtml.

［10］http：//news. sciencenet. cn/html/showsbnews1. aspx? id＝192861.

非计算机专业等级考试新考纲下的计算机
基础课程设置探讨*

叶含笑[1]，李振华[2]

（1 浙江中医药大学，2 浙江商业职业技术学院，浙江杭州 310053）

摘　要：浙江省计算机等级考试是省内各高校非计算机专业计算机基础课程设置的指挥棒。本次考纲修订增加了模块化设置，特别是计算机二级考纲的内容由单一知识点的考核向可选知识模块化考试方式进行了转变，给予了浙江省高等院校非计算机专业计算机基础课程设置的极大自由度。本文探讨了如何利用等级考试这个指挥棒来引导医学背景的各个专业计算机基础课程的设置，使医学院校的学生在本科阶段就能根据自己所交叉的医学背景掌握好计算机这个工具，更好地为医学服务。根据信息技术与课程教育教学深度融合的要求，本文提出了针对不同医学背景专业的本科生采用计算机基础课程模块化教学方案的设置。

关键词：非计算机专业；医学背景；计算机基础课程设置；模块化教学；教学改革

1　引　言

计算机技术之所以能被各行各业广泛应用，与计算机拥有的广泛功能分不开，无论是数据处理、科学计算、过程控制、辅助技能等，计算机都具有强大的功能。随着软件技术的发展，计算机的这些功能在各行各业的应用更显优势[1]，而要成功掌握计算机的这些技术，使用者必须首先掌握与技能相关的计算机基础知识[2]。而目前计算机基础课程设置存在一些问题：教学内容设置不合理，学生学习的计算机基础课程内容与计算机实际应用需求脱节；忽视以人为本的教学理念；学校对计算机基础课程的重视不够，无论在教学时间安排还是在师资力量的保障力度上都达不到学生学习的要求[3]。

在计算机与各行各业技术交叉融合的当下，医护人员及医学工作者也需要懂一定的计

* 校级教改一般项目"信息技术与教育教学深度融合的探索与实践"（课题编号：2018011）资助；浙江商业职业技术学院 2018 年度教学改革重点项目"浙江省高等职业教育'地校'合作办学的生态圈建设路径研究"项目资助。

算机编程语言、数据库管理、网站维护、手机 APP 操作、电子病历操作、医学图像处理基础知识、医学动画制作,平面设计等基础知识,这样才能更好地利用计算机为自己的专业服务[4],为了改善计算机基础教学与社会实践脱节问题,课程负责人及教学主管部门需要充分认识到计算机基础课程的实践性及其重要性,注重基础教学中对不同专业学生有针对性的计算机应用能力的培养。鼓励一线授课教师积极开展计算机基础课程设置和教学改革,有效增强计算机基础课程设置和教学内容的实践性和可操作性。

2　区分不同专业计算机基础课程设置探讨

我校属于医理、工、管、文相结合的综合性大学,目前设置文学类:英语专业。管理类:市场营销、公共事业管理专业。理学类:生物科学、生物技术专业。工学类:医学信息工程、计算机科学与技术、制药工程、食品科学与工程、生物工程专业。医学类:临床医学、口腔医学、预防医学、中医学、针灸推拿学、药学、药物制剂、中药学、中草药栽培与鉴定、听力与言语康复学、护理学专业。各个专业与计算机技术的交叉融合既有共性又有专业领域的特殊性。为了达到对学生创新能力培养的目的,文学类和管理类专业与计算机技术的融合重点在于对文本信息的采集、挖掘、存储与管理,故而掌握计算机对信息获取和管理的能力尤为重要,因此可将计算机基础课程的知识点设置侧重在对操作系统以及办公自动化软件的应用教学,并增设文献检索、数据库管理等课程的知识模块。理学类生物科学与生物技术专业侧重于对生物信息包括动物和人体生化指标以及生物信息的采集、统计与分析,故而在掌握对信息的获取和管理基础上,需要加强对数据统计分析软件的教学,包括一些基础计算机编程语言、MATLAB 等分析工具以及信号学领域的部分基础课程的设置。工学专业包括医学信息工程、计算机科学与技术专业,则在计算机技术专业学习的基础上需要加强医学信息化基础课程的设置与教学,而同为工学专业的制药工程、食品科学与工程、生物工程专业,除了设置计算机共性基础知识课程外,还可以增设计算机基础编程语言及数据统计、管理与分析软件的课程。医学类专业的临床医学、口腔医学、中医学在设置计算机共性基础课程之外,可增设具备"医学信息学""医学影像学""电子病历""医学图像处理基础""多媒体技术及应用""平面动画设计"等知识的综合性计算机应用基础课程选修模块。这种课程同样可以设置模块化教学,一门课程可由多名计算机专业领域的教师共同合作完成。医学类其他专业可以增设虚拟现实技术、信号处理等知识模块的基础课程。故而医学院校计算机基础课程设置可以打通各门课程之间的壁垒,同样按需对知识的进行模块化设计,不再是一门课程由一名教师负责到底,可以由多名教师合作完成,形成各个学科之间的交叉融合。

医学院校不同专业计算机技术教育教学课程设置可以采用线框图进行路线规划,设置过程如图 1 所示(以现阶段浙江中医药大学各专业为例)。

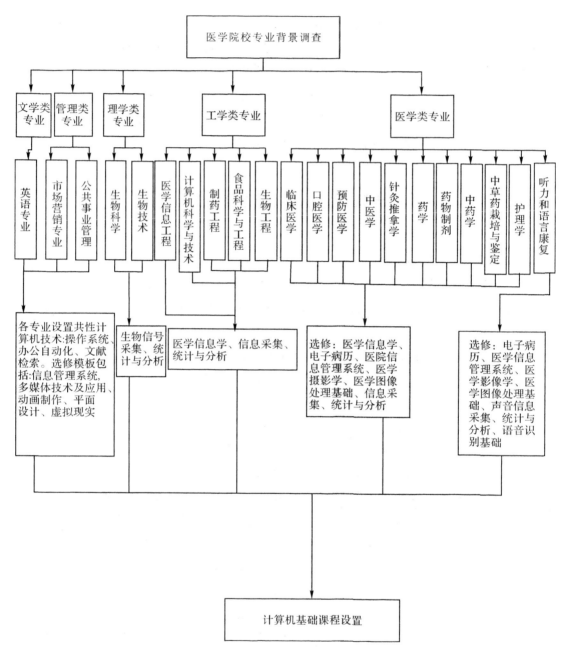

图 1 医学院校计算机基础课程设置流程

  如图 1 所示,首先对医学院校各个专业与计算机技术基础融合点进行调查分析,再按专业划分成计算机基础公共必修模块与选修模块和专业计算机基础必修课和选修课知识模块,图 1 中,各专业设置计算机公共基础知识课程,并设置计算机基础知识公共选修课知识模块。其他模块为各专业特色计算机基础知识模块与专业选修课模块。以上计算机基础课程设置有利于对医学院校学生计算机技术能力及创新能力的培养。

3　等级考试内容与医学专业的契合点探讨

2018 年浙江省非计算机专业等级考试考纲的修订版延续了以往的知识内容,针对信息技术基本概念、计算机软硬件系统基础知识、Windows 操作能力、办公软件(MS Office 或 WPS Office)基本使用功能以及计算机网络应用操作技能,设立一级 Windows 考试。此部分内容适合包括文科和管理专业在内的所有专业的学习,而针对文科和管理专业的选修拓展知识中,可以增加文献检索、信息管理软件开发等的知识点。等级考试二级考纲则增加了多种计算机基础知识的可选模块,包括:C 程序设计、Python 程序设计、Java 程序设计、动漫设计、办公软件高级应用技术、数据管理和分析技术、网络与安全技术、嵌入式与单片机技术等模块化考试方法。几乎包含了医学院校所有非计算机专业所需要掌握的基础知识,故而医学院校的学生在掌握计算机基础知识的同时,也可参与二级计算机等级考试,以便参加工作后向用人单位展示自己所掌握的适合本专业的计算机应用能力,提高就业竞争力。而医学院校教学管理部门与计算机基础课程承当学院则需要为医学院校学生选修相关课程的学习做好时间和课程设置上的准备,以保证医学院校学生对信息技术学习的需求。

4　我校目前计算机基础课程设置主要存在的问题及应对策略探讨

在现阶段,医学技术学院计算机基础教研室针对全校非计算机专业学生仅开设了一门计算机基础课程,内容仅包含等级考试一级考纲内容。虽然这门课程已完全实现了信息技术的融合教学,包括考教分离,同时在基础授课老师们的共同努力下,完成了精品课程建设,但由于这门课程的学习需求量巨大,师资力量已显不足,而学校给予的教学课时却只有 34 个,即便如此,教学部门还是安排新生入学时对这门课程以学生选老师的方式来安排授课班级,由于此课程在学习结束后同学们还需要参加非计算机专业计算机等级考试,因此给予承担课程教学工作的授课老师们自由发挥的机会不多,并且无论学生怎么选老师,任课老师每学期所带的学生人数也超过 300 名。因此分班学习在时间和师资力量都不足的情况下意义不大,却徒增了任课老师在教学和成绩管理上的工作量,同学们完成本课程的学习后,甚至无法掌握文献检索、电子病历、全文目录自动设置等的基本操作。针对计算机基础课程设置上存在的以上问题,做如下建议:对于浙江省非计算机专业计算机等级考试一级考纲基础课程的教学依然按照自然班级为单位分配授课教师教学,同时增加该课程授课时数,在严格考教分离以及由浙江省统一命题情况下给予授课老师充分的时间,在课堂上教师可以结合各个专业背景对教学的知识模块根据实际需求具备拓展教学的余地。同时对教学管理部门与承担课程教学的学院在政策和时间安排上给予倾斜,鼓励计算机专业老师开展医学专业急需的信息技术课程设置的教学探索与教学改革。

5 结 论

课程设置属于动态教学改革范畴,需要与时俱进,特别是在信息技术发展日新月异的当下,非计算机专业等级考试考纲紧密围绕社会信息化发展做了修订,医学院校则需要结合非计算机专业医学与信息技术融合的知识点调查,对计算机技术在各个专业领域的需求做出课程设置上的响应,充分满足对口信息技术课程设置在教学时间和师资力量的需要。在计算机基础课程设置改革初期,计算机基础课程师资力量与时间安排或许无法满足所有学生的专业需求,而等级考试考纲也并非完全契合医学院校学生对信息技术的需求情况下,院校可以通过多种激励机制,鼓励计算机专业教师设置大类选修课,允许计算机专业教师灵活安排授课时间和课程教学知识模块,通过绩效考核激励创新教学来弥补这一短板。

参考文献

[1] Vladimir Ivančević,MarkoKnežević,IvanLuković. Personality Questionnaires as a Basis for Improvement of University Courses in Applied Computer Science and Informatics [J]. Broad Research in Artificial Intelligence and Neuroscience,2017.8(2):96-108.

[2] 孙淑霞.地方高校大学计算机基础课程改革的探索与实践[J].中国大学教学,2014(4):59-62.

[3] 徐奕奕,唐培和,唐新来.计算文化视角下"大学计算机基础"课程改革初探[J].高教探索,2016(8):71-74.

[4] 叶含笑,江依法,傅斌.基于学生专业背景相关的计算机基础课程设计探讨[J].浙江中医药大学学报,2013,37(5):627-630.

数据库课程群混合教学模式的研究与实践

陆慧娟，高波涌，何灵敏，尤存轩

中国计量大学，杭州，310018

hjlu@cjlu.edu.cn

摘　要：数据库课程群是计算机专业的核心课程，但随着教学改革的深入，越来越多的问题浮出水面，需要新的教学模式进行解决。本文分析了当前教学中存在的问题，构建了一种针对数据库课程群的混合教学模式，提出了基础—应用—实践—竞赛四步走的教学方式，总结了混合教学模式的特点并在实施中获得了良好成效。

关键词：数据库课程群；混合教学模式；基础—应用—实践—竞赛；MOOC

1　引　言

中国计量大学数据库课程群统称"数据库原理及其应用技术"，包括计算机专业的"数据库系统原理""数据库应用技术"和"数据库课程设计"。数据库课程群是计算机专业的重要基础课程，该课程群具有很强的理论性，且发展十分迅速，对学生有较高的实践动手能力要求，是一门集理论、实践、操作和创新于一体的综合性课程。但是当前该课程群面临着一系列问题：一是三门课程单独开课，会使学生知识片段化；二是在大数据时代下，社会的需求对于数据库课程群在教学质量方面有了更高的要求；三是由于教学模式的改革，课程的授课学时有所缩短。如何在多重挑战下寻求一条新的教学途径成了急需解决的问题。

混合教学模式，是混合多种教学模式以在较少的学时内获取更好的教学效果的一种理论实践，即把数字化或网络化教学与传统教学模式进行有机结合，通过两者之间的优势互补，使课堂教学更加有效，学生学习效果更好[1]。混合教学模式对解决当前数据库课程群的教学问题带来了新的方法，它能够将课堂教学与网络教学融合在一起，充分调动学生的积极主动性，使学生能学习掌握到更多的知识。也能将数据库课程群三门课程的教学内容进行有机融合，以数据模型为核心进行连接，让学生能够在现实世界、信息世界和机器世界中自由穿梭，培养学生形成扎实的专业技能和理论基础。

2 教学中存在的问题

数据库课程群所包含的三门课程是高等院校信息科学类专业的基础课程。学生需要学习的数据库系统原理、数据库应用技术等课程知识内容涵盖范围广,在学习之前需要有一定的基础,才能理解其中的一些术语,完成学习。目前,高等院校数据库系统原理及其应用技术课程存在以下问题。

2.1 相关课程间联系薄弱

本科计算机专业教学中数据库系统原理课程群共包含三门课程,其侧重点不同,分别是理论部分、应用技术部分和课程设计部分。在本科教学中,三门课各自单独开课,使得学生在学习的时候,片段化接受不同层次的知识,连贯性不够好。学生往往需要对所学知识进行自主提炼融合,这对教学的质量来说是有很大影响的。

2.2 教学培养目标不明确,理论与实际脱节

数据库系统原理的教学过程大部分是理论教学[2],教师很少向学生介绍实际生活和工程应用中数据库技术是怎么使用的,使学生对所学的知识运用能力差,不能够解决实际问题。教师在数据库应用技术的教学过程中,过多地传授学生如何使用流行数据库开发工具,不联系其理论基础,造成学生仅掌握了对具体数据库软件的操作能力,而对数据库设计知识结构没有一个完整的理解,从而导致学生在学习中理论与实践脱节,不能将理论和实际结合起来,以解决更深层次的问题。

2.3 考核和评价体系不合理

数据库课程群的理论性和实践性都很强,在以往的评价体系中,考试成绩占比很大,学习过程和动手能力考核占比很小,这种考核方式缺少对学生主观能动性的考察。因此,急需建立一套以考核自主学习和主动创新能力为主,以过程跟踪取代单一的按考试成绩比较优劣的多维综合,且具动态导向作用的综合素质测评体系。

2.4 教学方法缺乏多样性

数据库课程群的授课方式以采用 CAI 课件进行多媒体教学为主。由于教师课上向学生传递知识的主要途径是通过讲授 PPT 以及板书,所以课堂活力不足。教学过程应既有教师的教也有学生的学,要想教学效果得到提升,师生之间必须相互配合。在以往教学模式中,学生学习新知识时会全程跟着教师的思路引导进行学习,缺乏思考,这就降低了学生主

动学习知识的积极性。因此,在数据库课程群教学过程中,教师应融合多种教学方法,采用多元的教学模式,提供辅助的教学平台将课堂的教学延伸到课堂外,方便教师及时了解学生教学反馈信息,疏通师生之间的沟通渠道。

3　混合教学模式的构建与实施

数据库课程群有三门课程,分别对应基础、应用和实践。在构建线上线下教学模式时,教师对其进行了不同处理,并在此基础上为同学们提供了创新竞赛的平台供学生提升能力水平。整个混合教学模式的结构如图 1 所示。

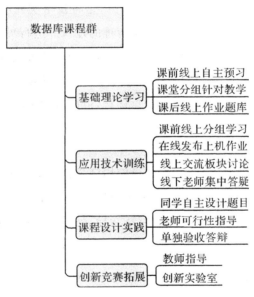

图 1　混合教学模式结构

3.1　基础理论学习

"数据库系统原理"是其中的理论基础部分,是学习数据库课程群的重点和基础。学习该课程时,学生应采用线上线下相结合的学习方法。课前学生在线进行自主预习,提早发现难点,从而在课堂上得到解决。课堂教学采用分组教学的方法,学生通过分组学习可以起到互帮互助的作用,小问题可以在组内消化解决,以提高同学们的学习效率。之后老师针对小组成员共同的问题进行解答,提高老师教学效率。在课堂教学之后,学生还可以在线上MOOC 资源中找到重点难点的视频详解,以便于学生掌握和复习。线上资源还有作业库和试题库,可以供学生进行课堂自测,从而了解自己知识的不足之处,查漏补缺。

3.2　应用技术训练

"数据库应用技术"是数据库课程群中的应用部分,该部分前承理论课程部分,后接实践课程部分,起到一个承前启后的重要作用。在这一步学生可以先进行课前分组在线学习,线上提供软件操作视频相比较于课堂讲授能够带来更好的教学效果。教师同步提供定期线下答疑,集中解答同学们的疑惑,并创建线上交流板块,供学生们相互讨论问题。教师可以建立结合生活实际的上机题库,对每位同学发布不同的任务,提供机房供学生学习和完成任务,最后统一网上提交。

3.3　课程设计实践

"数据库课程设计"是该课程群中的实践部分,是将技术实践应用的部分。项目课题由学生自主给出,老师基于学生的项目课题给出合理的建议并进行可行性评估,对于基础差的同学设置备选题目,充分考虑每个学生的个体差异,以期达到最优的实践效果。老师验收时进行单独验收答辩,每位同学均须讲解自己课程设计的应用场景、设计结构和最终结果,由老师提出不少于三个的问题,学生准备后进行回答,最后对学生的项目进行综合评价。

3.4　创新竞赛拓展

经过系统的基础—应用—实践学习,同学们均已具备一定的理论基础和动手能力,此时学院和学校可以提供相应的竞赛平台,让同学们积极参与各级学科竞赛,在竞赛中得到锻炼。学院有专门负责竞赛指导的老师进行竞赛指导,配备有创新实验室供学生参赛使用。

4　混合教学模式的优点

MOOC 课程具有碎片化教学、教学视频内容精炼、线上互动方便、教学资料信息化等特点,这些特点与注重实践的课程契合度较高。混合教学模式采用线上 MOOC 学习和线下教师指导相结合的方法,让学生掌握学习的主动权,给学生更大的发展和发挥空间,极大地提高了课堂教学效率。

4.1　教学资源完整合理

一门线上 MOOC 由若干个视频组成,每段视频都只针对一个或几个知识点讲授,从而做到信息丰富而且集中。学生能够自我控制节奏和进度,可以在线观看,也可以下载学习,方便回顾任何知识点。此外,学生还可以自主选择线上 MOOC 中的辅助资源,如练习、测验、实践等环节来加强对知识点的掌握和理解[3][4][5]。

4.2 "课堂讲授＋网络学习"的教学法

为了进一步激起学生自主学习的热情,教师可采用"课堂教学＋网络学习"的多层次立体教学模式。在课堂教学中讲解数据库核心理论知识和关键技术方法,培养和锻炼学生从理论出发来考虑问题和解决问题。在网络课程中主要讲解具体的数据库操作方法,如:数据库的实施运行和维护、数据加密与恢复和数据库操作指令的编程实现等。网络课程因其存在不受课堂学时限制的特点,有利于扩展学生的知识面,对于其中的重点难点问题学生也可以反复进行学习,学生学习进度无法统一的问题得到了有效解决,在一定程度上起到了因材施教的效果。

5 实施成果

5.1 提高人才培养质量

本研究项目的实施,以培养学生数据库设计实践能力和创新意识为目标,推进了数据库课程群混合教学模式的研究与实践;提升了教学质量,课堂上学生的表现明显改观,学生的作业质量有所提升,课堂气氛变得更加活跃,学生学习热情提高。从学生在交流区、微信以及课程评价的反馈上来看,学生的收获很大。实施项目后,该专业学生的自主学习能力和创新能力明显增强,数据库编程能力有所提高,人才培养取得一定的成绩。近两年来,教师指导学生竞赛获省级一等奖 2 项,二等奖 6 项,三等奖 1 项。教师指导学生发表 EI 论文 1 篇,指导学生发表软件著作 12 项,指导学生发明专利 2 项。

5.2 提升教师教学研究水平

项目实施后,教师更热心投身于教学研究,在课堂上的控制能力有所提高,进一步促进了课程教学改革以及自我知识体系的完善,获得省教学成果二等奖 1 项,成功申报教育部产学研合作项目和省级新形态教材的立项。也促进了教师献身教学、热心指导学生学科竞赛的积极性。像尤存钎、何灵敏老师指导学生多次获奖。

6 结 语

线上线下相结合的混合教学模式,不再是传统的老师传授知识学生被动接收的教学模式,而是以课前学生在线自学,课堂教师引导答疑,课外项目实践的形式完成理论知识和专业技能的传授。按照理论基础、应用技术、课程设计到竞赛拓展的方式逐步培养学生的各项能力,并让学生得到如比赛奖项等一定的收获。与此同时,教师要认真总结以往的经验,仔细反思存在的问题,以期在未来构建更好的教学模式。这种混合教学模式的出现,改变了老师在教学中的角色,教师不再单纯是给学生灌输知识,而更像是一个引路人,通过给学生指引方向来获取教学效果,既减轻了教师的工作负担,也提升了学生的学习兴趣,从而获得更好的教学成效。总之,数据库课程群混合教学模式是一种新的探索,该模式适合对理论和实践均有要求的课程,在我校应用时产生了良好的效果,也为其他课程的建设起到了示范作用。

参考文献

[1] 李清.浅谈混合式教学[J].读与学杂志,2018,15(01):40-41,89.

[2] 林晓庆.应用型本科线上线下混合教学模式实施策略研究与实践[J].计算机产品与流通,2019(04):213.

[3] 马超,曾红,王宏祥.线上线下混合实验教学模式研究[J].实验室研究与探索,2019,38(05):185-189.

[4] 周芬.翻转课堂理念下大学英语混合式教学模式探究[J].课程教育研究,2018(46):103.

[5] 牛腊婷.翻转课堂理念下大学英语混合式教学模式探究[J].智库时代,2019(27):193-194.

分类教学法在"多媒体技术"课程中的应用[*]

王修晖,刘砚秋,陆慧娟

中国计量大学,杭州,310018

wangxiuhui@cjlu.edu.cn

摘　要:本文分析了高校"多媒体技术"教学中存在的问题,在此基础上探讨了分类教学法在非计算机专业多媒体技术课程中的应用模式,并以"多媒体技术"课程的教学改革为例,探讨了分类教学在多媒体技术课程教学和实践中的意义。

关键词:分类教学法;以人为本;多媒体技术

1　引　言

教育是以学生为对象的活动,其中学生是教育的主体[1]。王希尧的《人本教育学》认为:"在一定社会的政治经济结构中,通过建立教育关系和教师劳动对象化而实现的人性发展,就是教育的本质"。通过对教育起源和发展轨迹的研究可以发现,教育产生和存在的前提是人,而作为教育主体的学生具有多样性,因此,根据不同学生的教育背景和兴趣点采用不同的教学方法至关重要。分类教学,又称为分组教学[2],就是教师根据学生现有的知识水平和潜力倾向把学生科学地分成几组各自水平相近的群体并区别对待,这些群体在教师恰当的分类策略和相互作用中可以得到更好的发展和提高。

分类教学法的理论依据古已有之,如宋代教育家朱熹曾说,"夫子教人,各因其材。"因材施教的真谛在与教人要"因其材",才能使人"尽其材"。在国外也有一些代表性的学者,如著名心理学家、教育家布卢姆提出的"掌握学习理论",他主张"给学生足够的学习时间,同时使他们获得科学的学习方法,通过他们自己的刻苦努力,应该都可以掌握学习内容"。不同的学生需要用不同的方法去教,不同的学生对不同的教学内容会保持不同的注意力,为了实现这个目标,就应该采取分类教学的方法。

* 基金项目:本文系中国计量大学教学研究项目(项目编号:HEX2017011)的研究成果。

2 当前非计算机专业多媒体类课程教学的现状

由于种种原因,当前高校非计算机专业的多媒体类课程教学远远滞后于社会对多媒体技术人才的需求,与以人为本的教学理念之间也存在不小的差距[3][4]。课程教学的内容设置过于单一,相应的考核方式也存在一定的欠缺。这主要表现在以下两个方面。

(1)部分高校多媒体类课程的内容,就是单纯地教会学生使用多媒体处理软件,比如Photoshop、Flash、3DS MAX 等。对于有一定美术基础的学生,他们通过掌握相关软件的使用,的确可以设计出不错的多媒体作品。但是,对于完全没有美术功底的学生,虽然课堂上和课下都付出了相当多的时间和精力,但仍然难以在该课程的考核中取得较好的成绩,使得教学和考核脱节,考核成绩难以真正反映学生在本课程教学中的学习情况。

(2)还有部分高校设置的多媒体类课程教学中,教师主要讲授如何通过编写程序代码,对多媒体元素(文字、图像、声音、视频和动画)进行处理。这种课程设计方式,对于掌握了至少一门编程语言的学生而言,无论课堂上还是课程考核中,他们都是非常有利和轻松的。但是对于编程基础较差的学生,学起来就非常吃力,即便在教学活动中非常积极主动,也往往难以在课程考核中确定满意的成绩。或许有人会说,课程设置时,会考虑先修课程中要有一门编程课程。但是有先修课程也不能保证该多媒体课程授课时内,学生能够掌握一门编程语言。这样会造成课程之间的过渡关联,前置课程的内容设置和学习情况,严重拖累后续课程的教学和考核。

《礼记·学记》:"学然后知不足,教然后知困。知不足,然后能自反也;知困,然后能自强也。故曰:教学相长也。"分类教学法根据课程教学目标的不同,对授课方式和考核模式进行合理调整,从而更高效地达成教学目标,对学生的"学"和教师的"教"都起到较大的促进作用,达到"教学相长"的效果。对学生的"学"带来的好处:分类教学法的实施,避免了部分学生在课堂上完成作业后无所事事,同时,所有学生都体验到学有所成,增强了学习信心。同时,分类教学方法还和我们一直提倡的素质教育结合起来,为学生量身打造了适合自己的发展方式,提升了学生的综合素质。首先,教师事先针对各层学生设计不同的教学目标与练习,使得处于不同层的学生都能"摘到桃子",获得成功的喜悦,这极大地改善了教师与学生的关系,从而提高师生合作、交流的效率;其次,教师在备课时事先估计了在各层中可能出现的问题,并做了充分准备,使得实际施教更有的放矢、目标明确、针对性强,增大了课堂教学的容量。实施分类教学法[5][6],有利于提高课堂教学的质量和效率。对教师的"教"带来的好处:有效地组织好对各层学生的教学,灵活地安排不同的层次策略,极大地锻炼了教师的组织调控与随机应变能力。分类教学本身引出的思考和学生在分类教学中提出来的挑战都有利于教师能力的全面提升。

3 分类教学法在非计算机专业多媒体类课程中的应用模式

高校非计算机专业的多媒体类课程教学应该是以解决实际问题、培养多样化的多媒体技术人才为最终目的。因此,作为对应多媒体类课程承担者的教师就需要根据授课专业的实际情况灵活设置教学内容,把多媒体软件的使用方法和多媒体编程技术有机结合起来。本文所提出的非计算机专业多媒体类课程教学模式如图1所示。

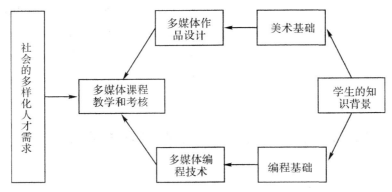

图1 非计算机专业多媒体类课程教学模式

在这种分类教学模式下,围绕"学生能做什么"(学生的知识背景)和"社会需要什么样的人才"(社会的多样化人才需求),组织课程教学和考核。以学生为中心,让多媒体课程的教学内容和目标来满足学生的需求,从传统上的"你要学什么"转变到"你想学什么和你能学什么"上来。兴趣点具有使人产生快感并给予积极评价的主观一面,同时还具有为追求和接受某知识点而主动行动的客观一面[7]。然而,兴趣点并不能保证教学质量和达成教学目标,我们还必须结合一个客观的事实,即学生的知识背景来制定教学内容和考核目标。因此,在综合考量学生兴趣点和知识背景的基础上,教师应结合社会的多样化人才需求,将多媒体类课程中的知识点和实践环节进行分类,才能切实践行以人为本和提升教学质量,实现培养多层次多媒体技术人才的根本目标。

从图1可以看出,在制定多媒体课程教学和考核方案的过程中,重点要考虑两方面因素:社会需求和学生的知识背景。其中社会需求是一个基本立足点,只有以社会需求为前提来设置教学内容,才能真正培养出对社会有用的人才。然而,以人为本的教学理念告诉我们,教学过程必须切实考虑学生的需求和知识背景。只有通过分析学生需求配置的课程内容,才能激发学习的主体(学生)的主观能动性,发挥其在课堂教学和实践环节中的主动权和主导地位,从而有效提高多媒体类课程教学的授课效率。需要注意的是,教师在不分班分类教学过程中,如何保证教学质量和考核的有效性,还存在以下两方面的问题需要解决。

(1)分类教学中,教师如何设置课程内容和分配课时,保证具有不同知识背景的学生都有所收获,从而提高课堂教学质量,提升学生学习的主观能动性。具体来讲,教师如何在使用多媒体设计作品和多媒体编程技术两方面教学内容进行权衡,合理分配课题教学和实践环节课时,是需要解决的第一个问题。"突出共性,穿插教学"是一个相对较好的解决方案。需要认识到的是,使用多媒体工具设计作品和使用多媒体编程技术两方面具有很强的互通性,教师可以先讲授一个知识点(比如声音处理)的共性内容,然后尝试通过多媒体工具和编程技术两种方法来实现。在实践环节中,教师允许学生选择不同的方法实现类似的目标。

(2)分类教学的考核环节中,教师如何保证不同类型的考核题目难度相当,确保考核的相对公平性,同时,保证不同类型题目评价方式的等价性,确保考核成绩的有效性。这个问题主要涉及考核环节中题目设置问题。比如,教师如何评价通过多媒体工具软件编辑的动画作品和通过编程实现的动画作品哪一个更好的问题。一个有效的解决方法是教师考核时,只注重最终效果,不考虑实现过程。举个简单例子,要实现一个简单的动画广告,教师只评价哪个动画能更好地满足需求,而不考虑是通过多媒体工具还是编写代码实现的。

4 分类考核法在"多媒体技术"课程教学中的实践

"多媒体技术"课程是面向高校非计算机专业开设的一门计算机选修课,是一门实践性较强的课程。该课程的教学目标是通过让学生系统学习多媒体技术的基本原理、关键技术和典型应用,实现传授给学生比较系统的多媒体元素处理技能的目的。课程内容主要涉及多媒体技术概述、音频处理技术、图像处理技术、计算机动画技术和视频处理技术等五个主题内容。其中多媒体技术基本概述是总论,分类教学理念是非常有效的教学改革措施之一。采用分类教学的非计算机专业多媒体类课程教学模式可以有效地将课题教学和实践环节的知识点与学生的知识背景以及社会的需求点结合起来,如表 1 所示(以"多媒体技术"课程为例)。

表 1 "多媒体技术"教学和实践规划举例

序号	授课和实践 知识点	学生知识背景	教学和考核目标	社会需求点
1	多媒体技术概述	美术基础	掌握多媒体的概念、媒体的种类、多媒体系统的组成;了解多媒体技术研究的内容和发展方向。	多媒体技术基本认知
		编程基础		
2	音频处理技术	美术基础	掌握音频处理软件 Adobe Audition 的使用方法和基本音频处理技能。	音频处理
		编程基础	掌握 C++和 OpenAL 图像处理的基本技术。	

续表

序号	授课和实践知识点	学生知识背景	教学和考核目标	社会需求点
3	图像处理技术	美术基础	掌握 Flash 动画软件的使用方法和计算机动画制作的基本技术。	图像处理
		编程基础	掌握 C++和 OpenGL 图像处理的基本技术。	
4	计算机动画技术	美术基础	掌握 Adobe Premiere 的使用方法和基本视频处理技能。	动画制作
		编程基础	掌握 C++和 OpenGL 基本动画制作技术。	
5	视频处理技术	美术基础	掌握 Adobe Premiere 的使用方法和基本视频处理技能。	视频处理
		编程基础	掌握 C++和 OpenCV 图像处理的基本技术。	

5 结 论

多年从事非计算机专业多媒体技术课程的教学和实践经验表明,个性化人才培养模式和途径对鼓励学生多样化发展,从而满足当今社会的多样化人才需求具有非常重要的意义。如何在多媒体类课程,尤其是实践性较强的非计算机专业多媒体技术教学中贯彻这种开放、和鼓励个性化创新的教学氛围和环境,进一步深化和细化,使不同起点、不同能力、不同个性的学生都找到更合适的成才方案是教学中应该关注和重视的问题。

参考文献

[1] 蔡映辉.构建以人为本学生评教系统的实践与探索[J].中国大学教学,2005(3):48-49.

[2] 黄卫东.完善案例分类教学机制[J].高教学刊,2016(15):108-109.

[3] 李运奎,张予林,魏冬梅.分类培养教学模式在课程教学中的探索与实践:以"葡萄酒分析检验"课程为例[J].黑龙江教育(高教研究与评估),2019(3):38-40.

[4] 张若军.文科"大学数学"分类教学的探索与实践[J].大学教育,2018(3):64-66.

[5] 简国明,李银,赵三银.地方高校公共数学分类分级教学的再思考[J].当代教育实践与教学研究,2018(12):39-41.

[6] 苏莹,薛益民.高等数学课程设置改革研究:以徐州工程学院为例[J].大学教育,2016(12):130-131.

[7] 逄锦聚.对高等学校坚持以人为本树立和落实科学发展观若干问题的认识[J].中国大学教学,2004(8):8-10.

高校人工智能领域人才培养思路与途径探索*

陈建国,陆慧娟,周杭霞,金　宁

中国计量大学,杭州,310018

{jgchen,hjlu,zhx,jinning1117}@cjlu.edu.cn

摘　要:随着我国人工智能的深入发展,人才紧缺的问题也越来越明显。本文在分析了人工智能人才严重缺口现状、国家相关鼓励政策、高校在人工智能人才培养上现存问题的基础上,认为高校在人工智能强国战略的实施过程中有着不可或缺的地位,应在学科专业布局、校企协同合作、师资队伍建设、开展研究型教学、基于案例的教学、个性化教学、基于项目的教学、加强课程思政建设等八个方面完善人工智能人才培养途径。

关键词:人工智能;人才培养;学科专业布局;校企合作;师资队伍建设

1　引　言

人工智能已在多个领域快速发展,例如智能助手、无人驾驶、智能医疗、智能零售等。人工智能应用潜力巨大,但相关人才奇缺。业内权威人士认为,目前互联网行业中最稀缺的就是人工智能人才,国内的人工智能人才缺口 500 万,供求比例是 1∶10,供需严重失衡。发展人工智能,人才是关键,尤其以顶级人才为根本。

人工智能人才严重缺口带来的一个结果就是人工智能领域中的技术类工程师高薪现象已成常态。以人工智能算法工程师为例,月薪少则 1 万～2 万元,多则年薪百万元。一个典型例子是,近期华为公司为八位顶尖学生实行年薪制,薪酬范围是 89.6～201 万元/年。据薪酬最高学生的导师的介绍,该生专业是自动化,而自动化专业的学生大部分是搞人工智能的。因此,我们可以推测,该生在华为将从事人工智能的工作。

---

*　本研究资助项目包括浙江省人力资源和社会保障厅 2010 年度留学人员科技活动择优资助项目(浙人社函〔2010〕423 号)、中国计量大学校立教改项目(项目号:2015HEX011,HEX2016006,HEX2018009)、浙江省高等教育教学改革项目(jg20160071)、教育部——玩课网产学合作协同育人项目(201701022010)、浙江省示范性中外合作办学项目(教外综函〔2011〕7 号)等资助。

针对人工智能人才缺口问题,工业和信息化部 2017 年 12 月发布了《促进新一代人工智能产业发展三年行动计划(2018—2020 年)》,鼓励领先企业、行业服务机构培养高水平的人工智能人才队伍[1]。

为完善我国人工智能领域的人才培养体系,教育部 2018 年 4 月颁发了《高等学校人工智能创新行动计划》(以下简称《行动计划》),要求高校完善学科布局、加强专业建设、加强人才培养力度,全方位综合性地指导高校人工智能领域人才培养[2]。

2017 年 7 月,浙江省发布了《人工智能人才新政 12 条》,支持高校建设人工智能相关学科和专业。

本文将探讨如何在高校构建人工智能人才培养体系,讨论培养具备解决复杂问题能力的人工智能综合人才的方式方法。

2　人工智能人才分布

腾讯研究院 2017 年 12 月发布的《2017 全球人工智能人才白皮书》指出,人工智能领域人才分布极不平衡。大多数人工智能人才在美国的顶尖企业或高校,从数量、质量上看都远超其他国家。我国人工智能人才供不应求,人才储备严重不足,尽管我国政府已将人工智能上升到国家战略层面,仍不能改变我国人工智能人才供需严重不足的现状[3]。

腾讯的《白皮书》显示,全球人工智能人才约 30 万人,其中产业人才约 20 万人,大部分分布在各国人工智能产业的公司和科技巨头中;学术及储备人才约 10 万人,分布在全球 367 所高校中,美国拥有 168 所,约占 45.8%。

领英(LinkedIn)发布的《全球人工智能领域人才报告》显示,截至 2017 年第一季度,基于领英平台的全球人工智能领域技术人才数量超过 190 万,其中美国人工智能人才总数超过 85 万,约占 44.7%;我国的人工智能人才总数超 5 万人,位居全球第七,只约占 2.6%。

据统计,美国的人工智能企业数量占全球人工智能企业总量的 40% 以上,其中谷歌、微软、亚马逊、Facebook、IBM 和英特尔等企业,更是整个行业的引领者。

分析不同来源的数据,我们不难得出,美国的人工智能人才数量约占世界的 40%。另一个数据更为惊人,人工智能领域学术能力排在世界前 20 的学校中,美国占据 14 所,且排名前八个席位均为美国所占据,可见其在质量上也是遥遥领先。

另据报道,中国人工智能专业人才流失严重。《2018 Diffbot 机器学习报告》表明,在培养机器学习人才最多的清华、北大、上交和中科大等四所国内高校,62% 的毕业生赴美就业,只有 31% 留在了中国。《报告》还显示,美国是全球最大的机器学习人才聚集地,约占全球人才库的 31%。

在与美国差距如此巨大且我国人才大量流失的现实面前,我国高校应如何发展人工智能教育,如何保质保量地培养出时代需要的人工智能人才,如何吸引人才、留住人才是值得我们值得深思的问题。

3　高校人工智能领域的教学现状

在人工智能的教学方面,目前我国高校教育系统仍处于跟跑状态,存在的问题已严重阻碍了我国人工智能的发展和人工智能人才的培养,具体表现为以下几方面。

3.1　尚未形成有效的人工智能人才输出机制

我国高校现尚无人工智能专业的毕业生。虽然高校中有不少与人工智能领域相关的专业,例如计算机科学、自动化、软件工程等,但是大部分人工智能的教学和科研活动散落在非人工智能的多个一级学科中,人工智能课程也非重点学习内容,学时时少,存在高开低走、碎片化及低水平重复等问题[4]。

与人工智能相关度较高的教学大多数依托在计算机科学与技术体系下,并加以"智能"名称,例如"智能科学与技术"专业或方向,它是注重生物智能系统的研究。高校通常开设"脑与认知科学""生物信息处理"等交叉课程,而人工智能专业更多地侧重于作为辅助人的工具,更重视数学、计算机、工程学等工程学课程。

3.2　尚未形成交叉学科培养机制

人工智能领域学生多为理科出身,均具 IT 背景。这种现象不利于复合型人才的培养,也不利于多学科融合。在教师方面也是如此,教师在本专业领域研究较有建树,但在跨学科研究中却常遇困难。

3.3　尚未形成独特的课程体系

人工智能关键技术包含计算机图形图像学、机器学习、自然语言处理、语音识别等课程。这些课程大多数是在计算机应用技术、软件工程、电子通信工程等一级学科中学习,目前人工智能尚未形成自己独特的课程体系。

3.4　教学方式仍然陈旧

目前,不少高校中的人工智能有关专业的培养方式和其他专业基本相同,教师上课台上讲、学生台下听的培养方式,使得学生的关注力低、实践环节薄弱、学习效果差。人工智能是一门具有高度综合性、案例相关的、项目相关的、高实践技能的学科,传统的学科教学方法已不能适应其教学。

3.5 校企合作力度依然不够

人工智能是一个需要注重实践的专业,高校缺乏实践环境。企业在助推人工智能发展上具有无可比拟的优势。校企双方可以优势互补。但是,现在一些高校与企业的合作受运行机制、经费落实、人员安排等各种因素的影响,合作通常是表面行为或短期行为,难以落地且持续发展。

3.6 尚无统一教材

在执教人工智能核心课程时,梳理开发出系统的、有针对性的、与时俱进的教材尤为重要。教材可分含人工智能核心理论的、含纯智能技术的、含应用领域的以及工具类用书等。很多高校没有能力自编教材,选用的教材是否适合本校的教学还值得商榷。

4 建设人工智能新举措

为了解决人工智能人才严重缺口问题,近年来,我国高校纷纷设立人工智能专业或学院。据统计,2015 年 3 月—2019 年 4 月,包括清华大学、北京大学、浙江大学等 43 所高校成立了人工智能学院。2019 年 3 月,教育部印发了相关通知,35 所高校获得首批建设"人工智能"本科新专业资格,其中包括北京科技大学、北京交通大学、同济大学等。2019 年 7 月,众多高校正处于第二批人工智能及相关专业的申请高潮。这些人工智能及相关专业的设立在一定程度上缓解了人工智能人才输出机制的问题。

总体而言,我国人工智能学科专业的整体水平较为薄弱,十分有必要加强和完善人工智能学科和专业建设,有必要探索人工智能高等教育的人才培养模式。

4.1 完善学科专业布局

《行动计划》提出,国家要推动人工智能领域一级学科建设。高校应该根据实际需求,着手构建二级学科。截至 2017 年 12 月,全国已有 71 所高校设置了 86 个人工智能相关二级学科或交叉学科。高校可参照"人工智能＋X"复合专业培养模式,建设复合特色专业;高校在充分论证前提下可建立人工智能学院、研究院或交叉研究中心,多方位、多方式地开展高层次人才培养。

随着人工智能人才培养体制的不断优化完善,人工智能人才短缺的问题未来会得到有效缓解。

4.2 校企协同合作

企业有实际应用中遇到的研究问题,教学脱离工程实际有可能造成学生的纸上谈兵的学习现象。高校和企业通过产学研相结合的方式,创建学校和相关企业之间的合作平台,有利于培养实用型人才。这类合作可体现为以下几个方面：

（1）校企人工智能人才共享，取长补短，鼓励他们在高校和企业之间流动；

（2）鼓励人工智能人才创业创新，促进人工智能成果转化和产业化；

（3）邀请企业专家参与高校人才培养方案的制定；

（4）企业专家结合实际工程项目到高校授课，效果会更好；

（5）高校师生参与企业的协同育人与实践活动等；

（6）共建校内研究与实训基地。在这些基地中，可有效验证学生的实际学习效果，也可以根据实训效果的反馈数据，及时调整教学方案与教学计划。

4.3　师资队伍建设

一方面，引进国际一流水准人工智能领军人才，加大与国际先进水平的研究机构开展合作。另一方面，要加强基础研究的知识储备，在基础学科的人才培养方面应加大力度，例如鼓励老师参加社会培训，并给予较高补贴等。另外，参照"人工智能＋X"复合专业培养模式，师资方面也可构建交叉学科师资队伍，团队内不同研究方向的教师共同协作，共同完成交叉学科人才的培养任务。

更进一步来说，可考虑在部分区域打造优良的学科生态系统，鼓励具有国际眼界的战略人才、领军人才、青年人才组建高水平创新团队，融合高校教育、企业工程开发、职业培训体系等，以培养人工智能各类综合人才。

目前，高科技企业向人工智能人才提供高额薪酬，吸引高校的人工智能人才不断流向业界。高校如何留住人工智能高水平人才是高校必须面临的一个挑战。对此，允许校企人工智能人才互动也许是一个较好的解决方案。

4.4　开展研究型教学

人工智能是模拟人解决问题的方法，非常适合进行基于研究型的教学。这类教学有助于启发学生的思维形式化，有助于研究新的人工智能算法，提高学生创新能力。

人工智能人才有三类：基础研究型、技术研发型、应用实践型。基础研究型人才是核心，技术研发型人才是中坚力量，应用实践型人才是基础。三者相辅相成，共同构建了人工智能人才培养体系。目前，我国人工智能人才主要集中在应用实践领域，而美国人工智能人才主要集中在基础领域和技术领域。我国高校应加强与前两类人才的培养。

4.5　基于案例的教学

人工智能具有非常广泛的应用，在教学过程中教师可结合人工智能应用实例，或选择一些学生理解的人工智能应用实例，引导学生应用新理论解决工程问题。

在教学过程中,教师也可以通过对人工智能典型案例的剖析,使学生了解智能信息处理的巨大进步和应用潜力,认识人工智能技术在信息社会中的重要作用。

4.6 个性化教学

个性化教学能够根据学生自身的学习需求、兴趣爱好、风格习惯等要素,量身定制学习内容、学习方法和学习计划,MOOC 翻转课堂教学方式应该是一个好的选择。

MOOC 从多方面、多角度、多元化打破了时空界限,满足了对教育的个性化需求,体现了"以学生为中心"的教学服务理念。学生在线下环节中,可在网上学习优质的人工智能学习资源。在线上环节,教师讲解知识并解惑。也可选择一种"翻转课堂"教学方式,让学生观看几分钟左右的"微课程",让学生在交流社区提出疑问,教师根据学生的不同问题,有针对性地组织课堂教学。

4.7 基于项目的教学

由于人工智能应用项目的复杂程序不同,应用项目繁多,因此人工智能教学可采用基于项目式的教学实践,即可从一些简单的人工智能应用实例着手,引导学生进行人工智能技术设计。

项目教学强调以工程实际为背景,需要以工程需要的技术逻辑建构教学内容。学生通过项目实践,受到了能力训练。教学过程不是被动接受知识的过程,而是融合已有知识,主动探索,构建新知识的过程,因此这种方法可培养学生解决复杂问题的能力。作为一种新的教学方法,项目教学方法理应受到人们的关注。

4.8 加强课程思政建设

为解决好"培养什么人、怎样培养人、为谁培养人"这个根本问题,在人工智能教学过程中,课程思政建设不能忽视。思政课教育的目的是让学生在获得知识的同时,陶冶高尚的情操,提升人生境界。教师通过人工智能课程思政建设,引导学生将自己的个性发展与社会过程相关联,引导学生独立自主、理性地承担社会责任,使学生更加主动地去关注国家发展,关注世界大势。

思政课教育既要培养有个性、有理性、有追求、有担当、有责任的小我,也要培养为人类、为社会、为国家、为他人的博观大我。也许思政课教育有助于改善人工智能人才国内学成后流失率较高的问题。

5 案例分析

建设人工智能新举措逐渐在国内外有所体现。在国际上,一些人工智能中等强国的发展情况基本上与我国相似。以法国为例,该国的数学、信息科学、物理等学科的研究实力都非常强，但是跨学科交叉的研究实力相对不足。法国拟整合各方研究资源，在全法国建立 4 ～5 个跨学科研究中心，现已成立了"PR 人工智能 RIE 研究所""DAT 人工智能 A 研究所"等。这些研究所集中了法国人工智能学术界和企业界的力量，目标是共同培养人工智能高级专业人才。法国还提倡人工智能领域校企合作，由公立大学、研究所与企业合作开设的"企业教席"已经出现[5]。

在完善学科专业布局方面，南京大学采取了人工智能学院与研究院并举的模式；在校企合作方面，引入京东人工智能南京研究院作为该校人工智能学院的学生实习基地。

西安电子科技大学在人工智能领域先后建立起 3 个国家级平台、9 个省部级科研和教学平台，与惠普、华为等企业合作建立了 9 个创新实验室。依托这些平台和实验室，该校从应用项目开发、应用性学术竞赛、创新项目研究三个方面引导和培养学生。

2018 年 6 月 8 日，在浙江大学紫金港校区教育部新闻发布会上，浙江大学校长吴朝晖院士介绍了浙江大学人工智能发展现状及未来发展重点。他表示，浙江大学成立了人工智能协同创新中心，计划充分发挥学科交叉的优势，与企业结合起来，与科研相结合，培养人工智能的高层次人才。

在省内，为了完善学校内部的学科专业分布，一些高校今年也在申请人工智能或相关专业，我校也不例外。今年我校申请了人工智能、大数据两个专业。以人工智能专业为例，我校该专业的年度计划招生人数为 80 人，并与浙江中控、浙江大华、海康威视等 15 个企业签署了培养人工智能人才的合作协议。另外，我校已经整合了计算机科学与技术、信息与通信工程、数学等学科专业人才，成立了大数据与云计算团队、人工智能研究团队、智能传感与检测技术团队等创新研究团队，这些团队的研究平台将为人工智能专业的人才培养提供良好的支撑。

6 尚需跟踪的问题

高校人工智能培养方面的有些问题仍需进一步跟踪，例如独特的课程体系、统一教材、交叉学科培养机制等。

6.1 人工智能课程体系

2018 年 6 月，教育部领导在介绍了教育部近期工作重点中指出，下一步将深入论证人工智能学科内涵，推进人工智能领域一级学科建设。在人工智能一级学科尚未成立时，分析、理清、发展人工智能的教学课程体系就显得特别有必要。

2017 年 11 月，中国科技部发布了《新一代人工智能发展规划》。《规划》提出，人工智能的发展可沿着 5 个主力方向：大数据智能、跨媒体智能、混合增强智能、群体智能、自主智能系统。可见,建立一个大而全的、覆盖全部五个方向的课程体系是不现实的。通常,各高校可选择若干个主力方向或相似方向来建设其人工智能教育的课程体系。但是,一些通识基础课程和人工智能基础课程是任何一个课程体系都应包括的:

(1)通识基础课程:微积分、线性代数、概率与数理统计、编程基础。

(2)人工智能基础课程:机器学习、脑认知机理、模式识别、自然语言处理与理解、知识工程、机器人与智能系统、数据分析与可视化。

我校新申请的人工智能专业初选两个主力方向,分别是机器学习与数据挖掘、智能感知与理解。根据包括公共基础、通识基础、人工智能基础、方向对应的专业选修、综合实践等层次,对应的参考课程体系框图参见图1。

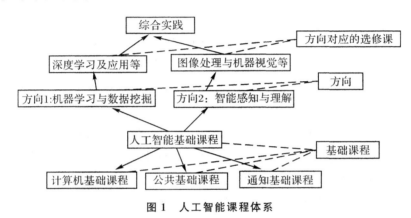

图1　人工智能课程体系

6.2　人工智能教材

人工智能要发展,相关的教材要先行。但据悉,人工智能统一教材尚在编撰之中。有些高校在这一领域已有所作为,例如西安电子科技大学30多年来已完成了多本智能技术系列专著与教材。部分高校计划兼顾利用国外教材、由教育专家组撰写的或校企合作编写的教材等,用于2019年9月入学的首批人工智能专业学生的教学。

2019年3月,高等教育出版社成立了新一代人工智能系列教材编委会。该编委会计划从2019年开始陆续出版一批面向本科生和研究生的人工智能专业教材。相信这些系列专业教材的出版将一定程度缓解高校面临的人工智能教材问题。

6.3　交叉学科培养机制

《行动计划》要求高校促进人工智能、脑科学、认知科学和心理学等领域交叉融合。在国内极少数高校,例如清华大学,在人工智能交叉学科培养机制体制机制上已经作了一些有益的探索。

为了推动人工智能领域跨学科交叉研究,清华大学成立了跨学科交叉研究领导小组,出台了多个支持跨学科交叉智能研究的文件。清华大学从脑科学和计算着手,在人工智能基础理论和方法研究上已走进世界先进行列。不过,对众多普通高校而言,人工智能交叉学科培养方面的工作尚未开始。

7 结束语

潘云鹤院士指出,人工智能带来了很多新的机遇和挑战,其中包括基于大数据的、智能的个性化学习、跨媒体学习、终身学习等内容,因此人工智能未来将推动教育的目标、教育理念的改变,加速推动学生培养课本内容、教育方法、评价体系、教育管理乃至整个教育系统的改革和创新。

人工智能是一门具有高度交叉性和综合性的学科。高校对人工智能人才培养的教学研究工作还处于起步阶段。本文在分析人工智能人才严重缺口、国家政策、高校在人工智能人才培养上现存问题的基础上,提出的八项建议,探讨了三个需要继续跟踪的问题,希望能起到抛砖引玉的作用。

高校在人工智能领域的人才培养方面,还存在人工智能技术与传统工科专业的结合不深等问题,因此未来如何推进人工智能＋工科的交叉学科建设,通过人工智能与传统工科的融合,改造传统工科专业,加强复合型人才培养,是我们高校教育工作者面临的一个重大课题。

我们相信,随着《行动计划》切实落实,具时代性、符合新时代社会需求人工智能培养模式一定会出现,这些新模式必将在高校人工智能教学改革中起到非常重要的作用。

参考文献

[1] 工业和信息化部.促进新一代人工智能产业发展三年行动计划(2018—2020 年)[EB/OL] [2019-01-08]. http://www. miit. gov. cn/n1146295/n1146592/n3917132/n4061630/c5960779/content. html.

[2] 教育部. 高等学校人工智能创新行动计划[R/OL]. http://www. moe. gov. cn/srcsite/A16/s7062/201804/t20180410_332722. html.

[3] 腾讯研究院. 2017 全球人工智能人才白皮书[EB/OL][2019-02-08]. http://www. 199it. com/archives/
660117. html.

[4] 张茂聪,张圳. 我国人工智能人才状况及其培养途径[J]. 现代教育技术,2018,28(8):19-25.

[5] 杨进,许浙景. 法国加快人工智能领域人才培养:思路与举措[J]. 世界教育信息,2018(14):8-11.